# 现代建筑结构设计与市政工程建设

魏颖旗　张敏君　王　淼　著

吉林科学技术出版社

图书在版编目（CIP）数据

现代建筑结构设计与市政工程建设 / 魏颖旗 , 张敏君 , 王淼著 . -- 长春 : 吉林科学技术出版社 , 2022.8
ISBN 978-7-5578-9432-0

Ⅰ . ①现 … Ⅱ . ①魏 … ②张 … ③王 … Ⅲ . ①建筑结构—结构设计②市政工程—基础设施建设 Ⅳ . ① TU318 ② TU99

中国版本图书馆 CIP 数据核字 (2022) 第 120043 号

# 现代建筑结构设计与市政工程建设

著　　　魏颖旗　张敏君　王　淼
出 版 人　杨超然
责任编辑　王丽新
封面设计　乐　乐
制 　 版　乐　乐
幅面尺寸　185mm×260mm　1/16
字　　数　100 千字
页　　数　143
印　　张　9
印　　数　1-1500 册
版　　次　2022 年 8 月第 1 版
印　　次　2023 年 3 月第 1 次印刷

出　　版　吉林科学技术出版社
发　　行　吉林科学技术出版社
地　　址　长春市福祉大路5788号
邮　　编　130118
发行部电话 / 传真　0431-81629529　81629530　81629531
　　　　　　　　　　　　　　　81629532　81629533　81629534
储运部电话　0431-86059116
编辑部电话　0431-81629518
印　　刷　三河市嵩川印刷有限公司

书　　号　ISBN 978-7-5578-9432-0
定　　价　56.00 元

# 前　言

　　现代建筑结构设计在市政工程建设中的安全可靠度和建筑工程的施工质量有着不可分割的联系。为了让建筑设计特别是市政工程项目建设得更加科学合理，设计风格更富有创新性，我们有必要展开市政工程建筑结构设计各方面问题的研究。其必要性主要体现在以下几个方面：

　　首先，随着社会经济的发展越来越迅速，人们的生活水平不断地得到提高，生活观念也随之发生巨大改变，同时，人们对建筑物的作用也有了更多要求。在此情况下，为了让市政工程等建筑的结构能跟上现代人各种极富创新性、突破性的要求，设计师有必要持续展开创新性设计方面的研究，只有这样才能从设计伊始就确保建造出来的建筑物能满足相应的各类需求。

　　其次，为了提高市政工程的安全可靠度，建筑设计团队应积极展开建筑结构设计安全课题方面的研究。毕竟只有设计者才将建筑安全可靠度放在首位，并在相关研究与设计环节就加以落实，才能杜绝外界因素对设计工作的干扰，并保证最终建造出来的建筑物符合行业标准的要求以及人们对安全可靠度的期望。

　　最后，建筑行业加大对市政工程建筑结构设计方面的研究还能极大促进建筑行业可持续发展的水平。其实，这也是建筑行业积极开展市政工程建筑结构设计课题研究的重要诱因，因此，有必要基于这一点加大本书所述课题的研究。如此才能让我国建筑业在新时期得到快速、健康的发展。

　　全书共五章。第一章对现代建筑结构设计与市政工程建设问题展开了分析。第二章对现代高层建筑结构设计及优化方法进行了研究。第三章对装配式低层建筑的技术评价与技术选择问题进行研讨。第四章对市政工程施工项目成本控制问题进行深入探讨。第五章则就市政工程施工管理综合评价体系展开了深入剖析。

　　目前，我国建筑界对现代建筑结构设计与市政工程建设问题的研究还处于持续拓展之中。对此，本书研究者认为，我们不能拘泥于既有策略与方法，而应从开拓、创新的思想高度来开展这类课题的研究。另外，在本书研究的过程中，笔者参阅了诸多与本书课题相关的文献资料，并从这些研究成果中受到了极大启发。对此，笔者在此谨表示最诚挚的谢意。由于时间仓促，书中难免存在不妥和疏漏之处，恳请广大读者批评指正。

# 目录
CONTENTS

# 第一章　现代建筑结构设计与市政工程建设概述

## 第一节　现代建筑结构设计理论发展过程

### 一、第一代建筑结构设计理论

始自伽利略的实验力学与始自牛顿的理性力学，可以视为土木工程设计从经验走向理性的近代起点。迄至 19 世纪初叶，柯西、泊松等人关于弹性力学的奠基性研究，使土木工程结构设计第一次开始有了坚实的理论基础。

正如力的概念是人类认识史上划时代的进步一样，应力、应变观念的提出，同样具有革命性的价值。通过应力观念，关于物体受力平衡的观念在细观意义上得以体现；通过应变观念，宏观变形与细观变形有了定量的转化关系。

弹性力学的建立，也使人们在宏观世界所感受到的关于结构承载能力的经验开始有了细观意义上的刻画。由允许应力表述的强度理论，形成了结构设计理论的重要基础。19 世纪末，以应力分析、强度设计为基本特征的第一代建筑结构设计理论初具雏形。至 20 世纪 30 年代，允许应力设计理论已成为当时世界发达国家设计规范的基础和标准表达方式。

由于弹性力学基本方程属于高维偏微分方程，其解析求解成为理论发展的基本课题，也构成了相当长时期内这一领域发展的重要障碍。但是，人类的智慧，既在于要不懈地追求理性的完满，也善于结合现实可能寻求解决当前问题的可行路径。由一般三维问题到简化的二维问题，进而简化到最简形式——梁、柱的内力—应力分析，线性材料力学的发展。事实上，通过结构力学分析建立结构荷载与结构内力的联系、通过材料力学分析建立内力—应力的联系，成为第一代建筑结构设计理论中结构分析的标准范式，也构成了直至今日土木工程师的重要知识基础。

对于工程中客观存在的不确定性的度量，形成了考量建筑结构设计理论发展的第二个基本维度。然而，直至 20 世纪初，虽然人们对工程中客观存在的不确定性感受日深，但处理方式却不得不采用以经验为基础的方式。为了保证结构的安全性，在第一代结构设计理论中，是以结构安全系数的概念来规避现实中的不确定性影响的。

出于对结构分析理论不准确性的担忧和对现实工程中不确定性风险几乎一无所知的担忧，在 19 世纪末是应力设计理论的奠基时期，这一理论对结构安全系数的规范规定一度高达 10 以上。直至 20 世纪 30 年代，西方主要国家的工程设计规范的结构安全系数普遍规定在 5 左右。在这里，虽然有经验的积累，但也带有很明显的主观决策痕迹。由于经验估计的特征，这一时期的设计理论又被称为基于经验安全系数（对于不确定性的度量）的允许应力（对于结构受力力学行为的反映）设计理论。这一背景潜移默化地形成了工程设计理论中的线性世界观与确定性设计传统。

## 二、第二代建筑结构设计理论的发展

早在 1914 年，德国人考津齐（Kazinczy）就在钢梁的极限承载力试验中发现：按照允许应力设计结构，会显著低估梁的极限承载力。1930 年，德国科学家弗里切（Fritsche）提出了钢梁的极限强度分析理论，由此也引发了西方世界关于塑性铰观念是否合理的长期争论。与此同时，20 世纪 30 年代苏联大规模工程建设的背景，促进了在工程结构设计中强调经济性的考量。20 世纪 30 年代末至 40 年代初，以格渥兹捷夫为代表的一批苏联科学家的杰出工作，催生了第二代结构设计理论。

事实上，第二代建筑结构设计理论的发展经历了两个阶段：前期（20 世纪 30 年代到 20 世纪 60 年代）和后期（20 世纪 70 年代到 20 世纪 90 年代）。前期的建筑结构设计理论，以构件极限强度分析与基于经验统计的概率性结构安全系数度量为基本特征。

在科学反映结构受力力学行为这一维度，非线性材料力学的发展形成了这一时期的时代特征。混凝土结构、钢结构的构件承载极限强度分析，构成了非线性材料力学的奠基性研究，也形成了现代工程结构基于构件强度进行设计的基本格局。承袭人们在 20 世纪 30 年代之前关于线性材料力学的研究经验，这一时期人们关心的重点是结构构件的极限强度分析。梁—柱理论、板壳极限强度分析理论构成了这一时期研究的重要进展。

20 世纪 20 年代，德国科学家梅耶（Mayer）第一次提出了采用概率理论度量工程中的不确定性（其主体是客观随机性）的观念。迄至 20 世纪 50 年代，通过大量的荷载统计与结构实验，人们对结构荷载和结构抗力的统计特征才开始有了初步的认识。基于这一认识，建立了荷载与抗力统计参数与结构安全系数的联系。

至 20 世纪 60 年代，世界发达国家的设计规范大都采用了上述设计理论作为规范编制依据。按照构件极限强度设计结构，至少在结构构件层次上打破了线性世界观的束缚，初步实现了对结构受力力学行为非线性性质的反映。然而，经过约 20 年的应用，人们不无遗憾地发现：按照这一理论设计的结构，虽然经济性大为改观，但结构使用性能却开始下降。在结构使用阶段混凝土结构的开裂、钢结构变形过大等问题引起了人们的严重关切。这一现实背景，驱动了对于结构设计中多种极限状态的研究。其成果，则主要表现为对结构构件开裂宽度的限制和对结构构件最大变形的限制。虽然从理论意义上，这些研究并没有推动非线性力学的实质性进展，但多种极限状态观念的提出，却是工程设计理论中一个具有重要意义的进步。事实上，对多种极限状态的研究，直接催生了20世纪七八十年代对结构受力全过程行为的分析与研究热潮，从而开创了非线性力学发展的新纪元。

始于梅耶（Mayer）等早期科学家的原创性设想，对结构可靠性的研究工作在20世纪60年代得到了突飞猛进式的发展。事实上，早在20世纪40年代，波兰科学家弗赖登塔尔（Freudenthal）就提出了采用结构可靠性指标度量结构可靠度的基本理论框架。20世纪40年代后期，弗赖登塔尔迁居美国，从而使结构可靠性研究之花开遍美洲大陆。

到20世纪80年代，包括中国在内的世界主要国家，均开始在土木工程结构设计规范中采用考虑多种极限状态的近似概率设计准则。这一发展趋势时至今日仍在继续之中。第二代建筑结构设计理论已然蔚为大观。

## 三、第三代建筑结构设计理论的基本特征与发展目标

仔细考察不难发现，虽然第一代建筑结构设计理论对工程不确定性的处理是相当粗糙的，但其对结构受力力学行为的反映在理论上却是一以贯之、不存在上述矛盾的。由于线弹性系统的可叠加性，细观意义上的强度设计可以等效转化为整体结构意义上的承载力设计。因此，采用结构安全系数，既可以保证结构各个局部不受破坏，也可以保证整体结构的安全性。这一优势到了第二代建筑结构设计理论开始大打折扣。由于分解的方法论，在建筑结构设计理论的两个基本维度上均出现严重矛盾。

因为在结构层次忽略非线性受力力学行为的分析，在结构受力过程中真实存在的非线性内力重分布就不能得到科学反映，从而造成构件层次据之以进行强度设计的荷载效应与真实结构的荷载效应基本脱节。事实上，线弹性的结构内力分布不能反映真实的非线性结构内力分布规律。在第二个基本维度，由于是在构件层次上计算并校核可靠性指标，对整体结构的安全与否就寄托在"构件安全、整体结构自然安全"这一十分可疑的推断上。细加分析不难发现：这一推断本身来自结构设计中长期以来潜在的确定性设计观念。而在实际上，由于构件安全与否是一个概率性事件，从"构件安全"并不能推断出"整体结构自然安全"这一结论，除非所有结构构件的可靠概率均为1。而按照近似概率的设计理论推演，这几乎是不可能实现的。

如果说在第一代建筑结构设计理论中，由于分析理论的内在一致性，结构工程师可以通过结构安全系数相当自信地判断结构的整体安全程度，那么到了第二代建筑结构设计理论，由于引入了分项安全系数，结构工程师基本上失去了对结构整体安全性的判别能力。对于一个自觉的结构工程师而言，他将发现自己所设计的结构，尽管经过细致的结构分析，但所得到的结构内力并不能反映真实的结构内力，且结构整体可靠性未知，结构的整体安全性可疑！这是十分令人担忧的。

起步于20世纪70年代的结构受力全过程分析研究热潮和20世纪80年代的结构整体可靠性研究，可以视为新一代建筑结构设计理论开始萌芽的象征。虽然研究进展维艰、其中一些研究（如结构整体可靠度研究）也因不断遭受挫折而陷入低潮，但在黑暗中摸索的人们却在不断锤炼着自己的学术自觉性，不断地发现推动研究进展的新曙光。到21世纪的第一个十年，由于静、动力非线性数值分析方法的趋于完备、弹塑性力学和损伤力学的趋于成熟、概率密度演化理论的出现，形成了新一代建筑结构设计理论得以奠基的三大基石。在这一背景下，不失时机地提出第三代建筑结构设计理论的观念，是历史发展的必然。

按照前述两个基本维度加以考察，并注意到结构工程研究近30年的发展，第三代建筑结构设计理论的基本特征与学术指向是：第一，以固体力学为基础的考虑结构受力全过程、生命周期全过程的结构整体受力力学行为分析。第二，以随机性在工程系统中的传播理论（矩演化与概率密度演化）为基础、以精确概率（全概率）为度量的结构整体可靠性设计。

第三代建筑结构设计理论的基本发展目标是：解决第二代建筑结构设计理论中存在的两个基本矛盾，实现结构生命周期中的整体可靠性设计。

# 第二节　市政工程建设的发展趋势

## 一、国外市政工程建设趋势

### (一)国外对市政工程建设过程中的施工管理发展趋势

第一，在国外了解市政工程项目施工单位是为了避免工程项目失控的现象产生，监理工程师都会采取一系列措施，把整个工程项目施工细分为更小的阶段，再对每一个阶段进行目标策略研究。自然，建设者会将不同的阶段性思想贯彻到整个施工过程中去。从编制好招标文件阶段出发，国外市政工程项目施工单位对编著招标文件非常重视，在项目招标文件编制过程中除了需要提出工程质量和造价等指标以外，还必须提出影响工期正常开展的各种因素，比如交通干扰、底下管道等。这样可以保证施工单位编制进度计划能够和市政工程项目的施工条件紧密结合起来。标书制定过程中的工期计划要尽可能合理，保证施工单位能够在规定的工期内完成市政工程项目。

第二，国外市政工程项目实施过程中对评标工作非常重视，相关人员针对评标环节采取积极有效的措施认真评标，通常情况下会把评标和施工组织设计看成一个整体进行处理，但是业主通常情况下会考虑承包价，从而轻视施工组织设计的可行性和合理性。从现实情况看，国外针对一些工期要求比较紧的工程，对标书中提供的各项指标进行全面分析，通常情况包括设备清单中的规格、设备型号、数量能否适应工程进度的基本需求。针对这些问题国外市政工程项目施工单位都需要经过认真研究才能得出最终的结论，从根本上避免市政工程项目进度管理失控的现象产生。针对施工单位的选择，国外也非常重视，工程施工单位对工程项目进度会产生最直接的影响。比如，美国等国家的市政工程项目在选择施工单位时，不仅要看施工单位的经历、资历、信誉及其建造工程复杂度与要求是否对应，而且针对一些工程不是很复杂的项目不适合选择一些资质较高的单位，因为资质较高的单位对于市政工程项目中一些小的项目重视程度不够，因此，产生的效果会适得其反，国外市政工程项目管理人员对施工单位的资质、信誉选择与工程项目自身特点紧密结合，所以造成施工单位能够更好地把握市政工程项目的特点，对其工程项目进度全面把握，防止工程项目进度失控的现象产生。

第三，国外市政工程项目进度管理过程中非常重视监理工程师的作用，国外市政工程施工非常重视合同管理的重要性，从市政工程项目进度管理的影响因素角度分析，其主要为人和机械设备。因此，国外采取积极有效的设备验收策略，确保机械设备能够符合市政工程项目施工的需要，其验收的标准是按照施工单位提供的投标书为依据。验收过程中发现不符合规范和标准的机械设备，必须按照有关规定要求进行更换，确保整个工程按照市政工程项目要求向前推进，这样才能从根本上保证市政工程项目按照进度管理的要求推进工作。施工过程中还需要对施工单位的工人进行验收，保证工人的技能水平能够满足市政工程项目需求，从根本上保证人与设备能够符合市政工程项目进度管理的需要，确保市政工程项目能够按照进度安排不断推进工作，能够按时按量完成项目，避免工程进度失控的现象产生。

第四，国外对市政工程项目建设进度的管控越来越严格，已经发展到每一个环节都要严格按照流程的要求进行验收，当确保各项工作验收合格的情况下，才能进行施工，最终保证工程项目按时按量完成。监理工程师在整个市政工程项目进度管理过程中发挥着重要性作用。国外市政工程项目管理人员对监理工程师的要求是相当严格的，要求其严格监理、秉公办事、热情服务、一丝不苟，这是国外市政工程项目监理工程师的工作原则。国外在市政工程监理工作验收过程中采取积极有效的措施，要求监理单位和监理人员必须不断加强自身队伍建设，确保监理队伍实力过硬，能够符合市政工程项目进度管理的具体要求。国外市政工程项目管理人员对施工监理工程师提出明确的任务要求，要求每月需按照进度要求进行工程审查，尤其是对工程项目进度网络中的关键环节进行全面检查，确保每一个环节都能符合工程项目的具体需要。针对可能影响市政工程项目进度的因素进行全面分析，比如施工程序、施工方案、施工工序等都要进行整体把握，确保每一个具体计划点都按照工程项目的具体要求推进。对于施工每一个环节都需要按照计划进行工作，实时进行监督，保证每一个环节都不出现差错。另外，在施工过程中需要落实施工进度，如果在施工的某一个环节出现滞后情况，就需要在其他环节上进行有效弥补，在确保质量的情况下按照进度要求推进工作。施工单位在施工过程中需要针对出现影响进度的状况采取积极有效的措施，确保工程进度能够按照计划要求推进。

第五，国外在市政工程项目进度管理过程中非常重视协调工作，在工程项目施工过程中影响进度的因素有很多，因此，具体工作中需要监理工程师协调好各项工作，监理工程师只有在协调好各方面进度因素的前提下，才能确保施工单位一心一意地投入工作过程中去，确保工程项目各项工作都能按照进度开展。施工过程中只有避免一切影响工程项目的进度因素，把各种外来干扰因素降低到最低限度，才能保证施工顺利进行。

### (二) 国外市政工程项目管理质量控制的发展趋势

#### 1. 国外市政工程管理质量控制模式的发展态势

第一，国外市政工程管理质量控制坚持责任落实到位原则，建筑工程施工过程中只有做到责、权、利的统一，才能全面落实质量标准。国外在责任问题上把关非常严格，因此，其工程管理质量控制始终处于很高的水平。国外市政工程管理质量控制严格按照预先制订的计划向前推进，坚持目标原则，最终保证市政工程按照质量要求顺利完成。国外市政工程管理质量控制坚持全员努力原则，发挥每一个施工人员和管理人员的积极性、主动性、创造性，最终形成合力，以保证整个市政工程按照质量要求全面完成预期目标。

第二，国外市政工程质量管理监督有力，严格按照预期的策略对市政工程施工的每一个环节进行监督。监理单位特别注重市政工程施工关键环节的监理，严格控制关键环节的质量问题，如果监理过程中出现问题要进行严厉处理，并且按照相关规定对市政工程项目进行质量验证，直到质量服务工程项目的具体要求。国外在市政工程管理质量控制过程中把发现问题作为一项战略任务，因此，其能及时发现质量问题，从而找到解决质量问题的办法。

第三，国外对市政工程管理质量控制实施同步施工质量管理策略。比如，如果位于慢车道和人行道上进行同步施工，各类管线检查标准不统一，国外坚持各行其责的原则，把各种差异性降低到最低程度，从而保证路面能够符合建筑工程质量的要求。

第四，国外对市政工程附属工程和隐蔽工程质量要求非常高，会对软土地基和回填土处理过程进行全面质量评测，从根本上消除地面出现破损和裂缝。针对混凝土路面施工养护问题，国外采取定期抽样检测。国外对市政附属工程的重视程度非常高，所以市政附属工程质量能得到保障，为整个市政工程质量管理、质量控制总目标的实现创造了条件。

2.国外市政工程质量管理方法的发展态势

第一，国外市政工程质量控制管理过程中注重基础工作建设，搞好基础工作是整个市政工程全面质量控制管理的开始。国外市政工程施工单位的高层管理者把基础工作作为一项战略任务，因此，其踏踏实实做到了基础工作，后续工作会在基础工作的带动下顺利完成。国外市政工程施工过程中越来越重视质量教育工作，其在具体工作中主要从两个方面抓起：其一，国外市政工程建设方要求施工和管理人员拥有安全质量意识，同时也越来越重视对员工展开质量施工知识教育，强化全体员工拥有质量第一的意识。其二，国外市政工程越来越重视对广大员工进行专业技术教育和培训，教育培训主要是针对市政施工单位的员工特点开展工作。此种教育培训必须结合市政工程施工员工的专业工作特点，进行专业化的操作技能培训和技术教育，促使市政工程施工人员拥有一流的专业技术和娴熟的专业技能，对提高市政工程质量会产生重要的作用。国外市政工程管理质量控制过程中严格按照员工的专业特点，从而能不断适应新技术、新设备的要求。

第二，国外市政工程质量管控呈现出标准化的发展趋势。其一般主要是从以下几个方面落实标准化工作。首先，施工方极为注重培养员工严肃认真的工作态度，实现全员参与；其次，施工方越来越重视现代管理技术，力求保持各个部门间的连贯性和统一性，最终形成配套的制度体系，并定期加以修订。[①] 国外市政工程质量责任制落实到位是其工程质量控制的一个特色，建立质量责任制过程中，国外主要是按照工程质量管理体系的具体要求，按照不同的层次、对象、业务制定不同的规则，建立不同类别的人员的质量控制管理体系。最终能够促使市政施工单位建立覆

---

① 吴庆玲.我国市政公用事业政府监管体制改革初探 [J].建筑经济，2009(06)：42-44.

盖全面、纵横有序、职责明确、层次分明的责任制网络。通过对质量责任制的建设，可以从市政施工企业的实际出发，可以客观、合理地处理数量化和具体化的工作。

第三，国外市政工程建筑项目呈现出工程过程化管理的趋势。从国外对市政工程的设计角度看，其把设计过程的质量控制管理作为整个工程质量控制管理的首要环节。针对这一阶段的特点，耐心设置，把施工过程中遇到的问题进行全面部署。针对施工图中与施工过程中不方便处理的问题早日修改，从而制定详尽的施工组织设计模式和设计施工方案。同时，国外对施工程度把握非常严格，严格控制违反施工程序的事件发生。施工过程在市政工程管理质量控制中发挥关键性作用，国外主要是针对质量控制这条主线，最终形成质量控制的基本环节，国外把施工过程管理的根本任务规定为工程质量控制。因此，需要建立一个能够稳定工程质量的控制管理系统，国外在这方面主要做了如下工作：组织好质量检验工作，其主要包括原材料、半成品、成品的检验、施工工序的质量评定等，最后对各项工作进行严格管理、科学组织、文明施工。最终把每一道工序的质量控制好、管理好，从而保证了市政工程施工的质量。

## 二、我国市政工程建设发展趋势

### (一) 建设投入从快速增长到稳健发展

1978 年我国城市市政公用设施固定资产投资 12 亿元，占全国全社会固定资产投资总额的 1.8%，此时县城市政公用设施固定资产投资的数据非常之小 (国家从 2000 年之后才开始统计该项数据)。2020 年全国市政公用设施建设固定资产投资总额超过 2 万亿元，占同期全社会固定资产投资总额的 3.9%，该比例自 2001 年以来一直保持在 4% ~ 9%，相比改革开放初期大大提高。

我国市政公用设施建设固定资产投资在 2000 年之后开始突破 2000 亿元，并进入快速增长期，尤其在 2009 年国家 4 万亿元投资之下，投资额实现两连跳，迅速从 2008 年的 9000 亿元突破到 2009 年的 1.2 万亿元，再到 2010 年的 1.6 万亿元。历经 10 年的投资高速增长，市政公用设施建设大体完成，自 2012 年后，我国市政公用设施建设投资开始进入稳定增长通道，投资额在这之后的年度里基本稳定在 2 万亿元左右。2020 年虽然新冠肺炎疫情突然暴发，但我国市政公用设施建设固定资产投资还是得到高速增长。可以预见，2021 年市政公用设施建设固定资产投资在历经前期的稳定发展之后，可能会再次实现一次跳跃式增长。

## （二）建设能力显著增强，但县城与城市差距仍较大

改革开放 40 多年来，各地加快市政公用设施建设投资体制改革，积极开辟资金渠道，加大资金投入，相继建设了一大批供水、燃气、供热、道路、公共交通、污水处理和生活垃圾处理、公园绿地等项目，设施服务水平显著提高，城市功能大大增强。可以看看 2000—2020 年市政公用设施建设增长的几个重要数据：全国市政道路长度从 21 万公里增长到 50 多万公里，道路面积从 30 亿平方米增长到 100 多亿平方米；已建成轨道交通长度从 117 公里到 2715 公里；城市燃气普及率从 45.4% 增长到 95%；市政供水管道长度从 32.5 万公里到 92 万多公里，排水管道长度从 18 万公里到 75 万多公里；全国污水处理厂从 481 座到 10113 座，城市污水处理率从 34% 到 94%；全国生活垃圾无害处理厂从 1018 座到 1947 座，城市生活垃圾无害化日处理能力从 21 万吨到 53 万吨；公园绿地面积从 17.5 万公顷到 80 多万公顷。

到 2021 年，我国市政公用设施建设的各项数据均翻了好几番，其中轨道交通和污水处理厂的建设增长速度尤快。当然也要清楚地看到县城和城市市政公用设施建设能力的差距，差距源于两个方面：一方面是市场需求，县城常住人口较城市常住人口少，各项市政公用设施建设较少也属正常；另一方面县城市政公用设施建设资金来源主要依靠自筹资金和地方财政拨款，虽然中央财政拨款的比率比城市市政建设稍多，但市政工程项目能获得的银行贷款非常之少，导致市政公用设施的建设在一定程度上不能满足市场需求。未来，随着城市市政公用设施建设不断饱和，县城市政公用设施建设也将成为市政工程企业区域发展的方向之一。

## （三）投融资实现多元化，民间资本成为市政建设的重要力量

1978 年城市市政建设仅有中央财政拨款；1980 年开始引入国内贷款和自筹资金；1985 年开始引入外资；1996 年开始引入债券；2001 年开始引入地方财政拨款。到 2021 年，我国城市市政公用设施建设投资已由 1978 年前单一的政府财政投入逐步向国内贷款、利用外资、发行债券及企业自筹等多种渠道拓展。目前市政设施建设投资已形成多元化局面，政府投资、银行贷款、民间资本成为主要力量，三者投资比例占投资总额的 85%。[①] 民间投资已成为市政建设的重要力量，截至 2020 年年底，财政部公布的两批 PPP 示范项目已超过 500 个，其中执行阶段项目 200 多个；其中，污水处理、市政道路、供水、垃圾处理几个细分领域的 PPP 项目较多。未来，我国将进一步拓宽机制，让民间资本充分参与到市政工程投融资项目中来。

---

① 王冠 . 城市轨道交通投融资模式的浅析与思考 [J]. 中国工程咨询，2014(70)：38-40.

### (四) 投资结构迈出新步伐，轨道交通和排水成为建设重点

在相当长的一段时间里，城市市政公用设施建设的重点是解决供水问题，投资结构单一，行业发展不平衡。"十五"到"十二五"期间，城市经济社会的快速发展推进了市政公用设施建设的发展，建设投资力度加大，尤其在供水、供热、公共交通等方面，投资结构得到较大改善。

道路桥梁是市政公用设施建设最大的板块，2021年市政道路桥梁投资额已超过1万亿元。轨道交通是未来市政公用设施建设最具投资潜力的板块，根据国家发展改革委、交通运输部印发的《交通基础设施重大工程建设三年行动计划》，2016—2018年我国轨道交通投资额将达到1.6万亿元，平均每年投资额超过5000亿元，到2020年，全国城市轨道交通总里程已超过8500公里。"十三五"期间，城市市政公用设施建设投资中，轨道交通的占比可能会从2014年的20%增长到40%甚至50%，成为城市市政公用建设中最大的投资领域，并将吸引一大批建筑企业进入该领域。

我国城市排水管道总长度约80.38万公里，地下管廊长度已超过1000公里，此次暴雨让不少城市发生严重内涝，地下管廊、排水、海绵城市概念热度再增，"十三五"市政公用设施建设中，排水领域的投资有望进一步增加。

# 第二章　现代高层建筑结构设计及优化方法研究

## 第一节　现代高层建筑结构优化的历史、现状及未来发展趋势

### 一、现代高层建筑结构优化的历史

中国现有的高层建筑的数量非常惊人，并且已超过了美国四倍之多。如此宏大的建设，实际是需要众多的专业，非常多的人力、物力，面对国家如此紧迫的资源需求状态下，节约一直都是建设的要求。一个建筑结构的形成，所涉及的范围极其广泛，在任何一个国家，都形成一个庞大的产业链，而这一系列产业链从一开始就被设计影响高达 90%，因而，设计变成了其中至关重要的环节。①

设计包括规划、景观、方案、建筑、结构、给排水、暖通、强电弱电等各专业，在众多环节中，结构是安全的重中之重，同时也是成本节约的关键环节，因而结构优化也就变得非常重要，对建筑的造价影响至深。

因而，从很早开始，就已有结构优化的概念，业内非常出名的林同炎大师首次提出概念的优化方法，其在 1999 年出版的《结构概念和体系》至今仍然指导着结构设计的方向。国内的优化意识起步相对较晚，即便如此，也形成了众多为追求优化而贡献青春的老一辈结构设计者，其中的代表就是孙芳垂，他所提倡的理念是千说万想不如在工程中千锤百炼，曾经致力于建立专家系统，后因计划过于庞大复杂而失败，他留下的许多书籍也更多的是对工程的实际分析，很少做出准则性的建议，这也从侧面上说明了一个问题：工程是多变的，设计者更多的是要学到不可复制的思维、随机应变的能力。当然，这也决定了后来许多忽略实际的优化方法的夭折。其后出现数值优化方法，主要是应用于钢结构，而至今这种优化还是显得很鸡肋。各种基于软件模拟的优化方法层出不穷，均像流行歌曲一样无法适应高度变化的实际，而唯一经久不衰的只有概念。

---

① 牛建宏.中国节能减排系列报道 建筑——最大能耗"黑洞"[J].中国经济周刊，2007（41）：16-22.

## 二、结构优化的现状

在手算时代，工程师所做的结构设计，只能将结构的空间问题转化成平面问题，计算力学效应，然后凭经验初取截面，再进行强度验算校核、整体受力验算等步骤。这种最初的设计方式，更多的是强调安全性，满足结构最低要求。由于人力的局限没有办法做整体运算，所以很难做到结构优化。因此，在很多现有文献中，特别是研究生的论文，赤裸裸地指明这种结构设计方法是不考虑经济性的，这个结论其实有失公允，在传统的计算方法里，在构件的优化上是做得比较好的，只是整体优化做得不好，并且传统的设计中，结构的概念十分清晰。而随着计算机的出现，许多人忽略了结构概念性的重要，认为计算机的计算精度之下，人为计算的校核显得单薄而多余。因此，各大高校在校的老师和学生都致力于计算机在结构优化方向的突破，事实上他们的确也获得了比较显著的成绩，只是这些显著的成绩并不能在实际的工程应用中真正体现。

在校研究人员所做的研究，其模式往往很难脱离科学体系的思维，事实上，做工程的思维与做科研的思维是有很大差别的。就拿常说的结构优化来说，科学的思维是先设好目标函数，弄清楚其约束条件，建立简化数学模型，研发一套计算方法，然后利用程序计算出结果。然而，由于实际工程的复杂性，导致约束条件非常繁多，更有很多不能确定的东西，而目标函数其实也是变化的，每一个工程所追求的目标都不一样。因此，从假设到计算再到结论，各种不确实性的东西太多而确实的东西太少，导致所设计出来的程序很难具有适用性。正是这种模糊性导致了另一个学科在工程中的发展，就是模糊数学，目前也有不少人正将模糊数学应用于结构优化中，但到目前为止还没有发现实用的成效。种种努力和失败，其实并不是没有人总结教训，而且有一大批人正致力于另一方面的发展。总体来看，就是基于工程实际的复杂性和不可复制性，建立具有普适性的专家系统。自然，这是一个非常庞大的工程，要广泛搜罗各种工程实例，判断工程的相似性和可复制性，从而可以让设计人员快速借鉴已有的工程经验，进而提高设计的效率。

这里的专家系统其实是想把最先进的专业知识迅速地传授给普通的设计人员，但是这并不是什么优化方法，更多的是一种寻求优化方法的一种方式。

尽管在各学科的结合之间遇到种种困难，但是计算机在结构设计中的应用却算是如鱼得水的，尤其是小软件的应用。其归根结底还是功归于概念的运用与计算机语言的结合。其中以 PKPM、SAP2000、ETABS 为代表，众多小软件也非常流行，比如探索者、世纪旗云、迈达斯、3D3S、小虎工具箱等，这些小软件在概念上是非常清晰的，正因为如此其计算结果也比较可靠。

无论是设计人员还是科研人员，最终都是为了技术进步，而工程人员的思维方式又不一样，工程更讲究的是实效性，可以允许偏差、逻辑不通甚至没有答案，但是要安全有效，并且工程的经验对结构的设计极具重要性，这也是孙芳垂前辈非常注重实例的研究，做工程更多的是注重思维应变能力的原因。由于工程界与科学界的思维偏差，导致数学上的最优解与工程要求的相差。

结构优化在理论上的研究更热门于结构优化在工程实际的应用，其主要原因有：第一，没有意识到概念设计对结构优化的贡献，更多苛刻追求构件截面尺寸的优化。第二，做研究的人员与做工程的人员缺乏沟通，理论的发展与实际工程应用的脱节。第三，从制度方面上来讲，责任制没有落实到位，工程出现问题，只要符合规范就可以推卸责任，使得设计人员不敢越雷池一步，把结构设计得"太安全"，用钢量大大增加，其实未必安全。第四，工程优化问题的复杂性，优化函数变量离散化程度高，现有理论水平还跟不上实际工程的变化。

### 三、未来发展趋势

在未来，随着各学科之间更加深入的浸透，数学语言、计算机语言、工程语言、结构概念各方面的深切结合，会使结构优化质的飞跃。针对该种现状，通过各种优化理论（形状优化、尺寸优化、智能优化等），结合安全性、功能性、美学、施工各方面的因素进行结构设计，结构形状优化、拓扑优化、结构的类型优化、结构模糊优化设计、结构的多级优化、灵敏度分析、非线性结构优化设计、基于可靠度的结构优化设计、多目标优化设计及结构控制体系的优化等优化方法加以结合，去粗存精，结合实际，这将会大大推动结构的发展。

# 第二节　现代高层建筑结构设计的特点

## 一、高层建筑结构设计特点

高层建筑的设计中结构具有更重要的位置，而在结构设计中，高层的主控因素也随着结构高度的变化而改变。其抗震措施、刚度要求、变形控制、结构构成等各方面都有其更高的要求。其主要特点如下：

### (一) 水平荷载效应

高层结构受水平力荷载影响的特点是其力臂大，低层中由于水平力的力臂小，几乎对结构不构成威胁，而高层刚好相反。对于建筑自重和楼面使用荷载效应而言，通过清晰的传递方式最终会把所有的力都传递于竖向受力构件（墙、柱）上，其主控的影响因素轴力与荷载的效应仅仅是简单叠加，重力荷载代表值只是对大跨度的结构造成更大的威胁；而在水平力的作用下，整体结构犹如一个悬臂梁，其倾覆弯矩与高度的关系呈二次方的关系，结构顶点的位移与高度呈四次方的关系。而从另一个角度来讲，就是动力特点问题，由于高度的增加，结构的振动周期加大，结构柔度更高，在水平地震力和水平风荷载作用下，其内力效应将会更复杂，对结构的影响程度也会更高。

### (二) 侧向位移明显影响结构的正常使用

与低层或多层建筑不同，高层建筑在水平力的作用下，其顶点位移会更加明显，甚至超出正常使用所能承受的范围。随着建筑高度的增加，概念化成长悬臂模型更接近实际，则其侧向位移与高度呈四次方的关系，其增长速度随着高度的增加而越来越快，这种情况下对侧向位移的控制无疑会更难。

另外，影响结构侧向位移的重要因素除了高度之外，还有结构体系、结构布置和结构构成的影响，在方案形成阶段应加以控制，使结构具有足够的抗推刚度，否则会产生不良的后果：第一，随着结构侧向位移的加大，结构的重心与刚心会发生偏离，而这些变形是以结构整体协同变形作为代价的，从而产生了更多的附加应力，尤其是重力二阶效应加重，加剧结构的失稳效应，使结构失去承载能力。第二，过大的侧向位移，即使没有安全问题，也会影响到建筑的正常使用。第三，使填充墙、机电设备管道、外围玻璃幕墙等非结构构件破坏，使电梯轨道变形致使其不能正常运行。第四，加剧主体结构构件裂缝的发展甚至损坏。

### (三) 抗震设计要求更高

抗震设计的难度增加，主要是因为结构的高度，结构越高，其柔度越大，地震作用下的振动周期会更长，结构在地震来临时，其地震效应也会更加复杂。此外结构构成上不再像低层那样单一，对结构延性设计的难度会增大。[①]

### (四) 结构自重更进一步威胁结构的安全

对高层建筑而言，减少结构自重具有非常重要的意义。首要关注的就是地基问题，由于多层数的叠加，对基础和地基来讲是非常吃力的，适当地减轻结构重量，

---

① 赵振东 . 建筑结构设计中抗震设计分析 [J]. 建材与装饰，2020(18)：104+106.

会大幅度减少基础造价、减少地基处理成本。

地震力是惯性力，结构重量越大，地震效应也随之增强。在水平地震力作用下，自重加大，会增加剪力的效应，同时，更危险的是倾覆力矩的加大，这会大大地增加整体的造价。

### (五) 轴向变形更加明显

在重力的加剧、风荷载效应明显、水平地震力的影响等因素下，竖向构件的轴向变形会更加明显，对结构的强度会有更高的要求。同时，更要注意的是，由于轴向变形的明显，随之而来的肯定带有轴向变形的不均匀性，竖向构件变形的不均匀会引起更多的附加二次应力，使结构的传力路径不再是原有的设计路径，从而威胁结构的安全。

### (六) 概念对结构的影响起决定作用

由于高层建筑在结构上效应的复杂性，人工计算已变得困难重重、费时费力，而结果的精确性不能保证。随着计算机在结构设计上应用的发展，设计人员可以在更多的复杂结构中做出更精确而且更有效率的计算，但是所有的一切都是基于结构概念的清晰性上面的。如果在概念设计上就犯了错误，那么后面的一切计算就都是没有用的，错误的问题一定会导致错误的答案。由于人力的有限性，设计人员更多的是要从概念上把握一个结构的设计。实践表明，一个结构工程师的成熟与否，更多的是要看他对结构概念的理解与运用。

## 二、高层建筑结构体系

### (一) 高层建筑结构设计原则

第一，高层建筑结构的设计，应该注重各专业的配合协同工作，尤其是建筑方案阶段，应该融入结构的概念设计，做到实用、安全、经济、美观上的统一。

第二，在复杂的高层设计中，结构选型与平面布置对总体影响极其重大，应备受重视。应使结构有足够的承载能力、一定的抗推刚度和抗扭刚度，刚度应该均匀变化、合理地构成，以节省造价，并有一定的变形能力以利于抗震。

### (二) 高层建筑结构体系

由于取材方便和造价便宜，钢筋混凝土结构成为大部分建筑的选择。其主要结构形式有框架结构、剪力墙结构、框架—剪力墙结构、筒体结构等。

1. 框架结构体系

框架结构的主要受力构件是梁柱构成的框架体系。其主要抗侧力构件为梁柱组成的框架，通过刚度比较大的楼板传递水平力和竖向力，其竖向力的传递路径为"板—梁—柱—基础—地基"，其水平力的传力路径为"外围构件—框架—基础"，这个过程中梁板起到了中间协调者的作用，以保证框架的整体协调性。

（1）框架结构体系的优点

空间布置灵活，容易实现大跨度，建筑立面容易处理，自重小，结构变形能力比较强，在多层中的造价比较低。

（2）框架结构体系的缺点

多适用于多层，一旦结构高度超过 50 米，框架本身的抗推刚度就不够用，强行使用则会带来更多的经济损失和造成结构的不合理，并且结构变形过大，也会影响建筑的正常使用。

（3）框架结构适用范围

框架结构适用于 20 ~ 50 米的结构高度，30 米左右最为经济，具体情况还要具体分析（要考虑如地质条件、结构安全等级、抗震要求等），适用高宽比小于 4。在办公、住宅、商店、医院、旅馆、学校及多层工业厂房和仓库等建筑的建设中，由于其对建筑空间大跨度的需求较高，结构平面布置灵活性要求高，多使用框架结构。

2. 剪力墙结构体系

在高层建筑结构体系中，钢筋混凝土墙的抗侧刚度是非常大的，通常能够承担绝大部分因水平力引起的结构剪力效应，有效阻止结构的过度变形，因而多称为剪力墙，同时，由于其刚度大，当地震来临时，往往吸收大部分的能量，成为抗震设防的第一道防线，因此，也叫抗震墙。

剪力墙结构体系中，剪力墙作用为抗震设防的第一道防线，因其抗侧推刚度大，往往吸引大部分震害能量，同时减少建筑的变形，从而保证结构的安全性，实践证明，剪力墙在地震中的表现非常优越，大大降低了地震对建筑造成的破坏。剪力墙结构的适用高度可达 120 米，适用高宽比小于 6。

框支剪力墙结构是剪力墙结构的延伸：由于许多建筑在底层对大跨度大空间的要求比较高（比如底层为大型商场而上层为住宅式的建筑，还有学校图书馆、展览馆等），在底层没有办法将上层的竖向构件贯通到基础，因而在底层采用大框架而上部结构采用剪力墙结构，这种结构叫框支剪力墙结构。

框支剪力墙结构在震感强烈地带不应使用，原因是其底层的抗侧刚度要小于上部各层，造成刚度突变，柱子率先出现塑性铰，从而造成结构的局部破坏，进一步使整体失去承载能力。

3. 框架—剪力墙结构体系

框架—剪力墙结构融合了空间跨度大和结构抗推刚度强的两大优点，其继承了框架结构的变形能力同时继承了抗震墙的高强刚度，在办公楼、学校、酒店、商业用房等建筑中被广泛采用。框架—剪力墙的适用高度可达120米，适用高宽比小于5。

4. 筒体结构体系

随着建筑结构高度的增加，对结构刚度的要求越来越高，东一道西一道分散式布置剪力墙，所能得到的刚度已不适应要求，因此，把剪力墙合并，一起形成封闭的筒体结构，由于剪力墙的协同作用大大增强，所得到的抗侧刚度和抗扭刚度都会大大增加，从而大幅度提高结构的稳定性。此时，筒体的受力模型可以简化为悬臂梁，其传力路径直接而清晰。如果是结构需要，可以做成多个筒，形成多种不同的结构。[①] 通常筒体结构有：

（1）框架—筒体结构

框架—筒体结构一般分为两种，其中一种是中间布置一个筒体，边上由框架连接，建筑外边缘一般采用稀框架结构，此种结构一般多用于接近正方形的平面布置结构，否则是很容易引起扭转效应的，此种结构一般适用于结构高度在130米以下的建筑。而另一种是结构内部采用稀框架结构，而外侧采用筒体结构，这种结构的适用高度可达400米。

（2）筒中筒结构

在结构平面的中间布置封闭成筒的剪力墙，在外围则布置介于剪力墙与框架之间的密柱结构，形成外筒，从而整体上形成筒中筒结构，其中间筒的洞口设置是比较严格的，而外围的筒可以开更大的洞，一般可达50%。筒中筒的最大适用高度可达450米，适用高宽比小于6。

（3）成束筒结构

在结构高度非常高的时候，往往会用到这种结构，多个筒体紧紧相靠，其所贡献的刚度极其强大。

（4）巨型结构体系

这种结构体系应该说是在一种结构形式中套另一种结构形式，就像组合截面一样，与钢结构中的格构式是一样的，把结构的受力构件分成多个级别，比如一个楼梯间可以做成一个筒，然后这个筒可以成为总体结构中的一根柱子，香港汇丰银行就属于巨型钢结构体系，目前有关这种结构体系的研究有很多，但未有混凝土结构的巨型结构体系出现。

---

① 段晓农. 新型筒体结构体系 [J]. 海南大学学报（自然科学版），1996(02)：5.

# 第三节　高层建筑结构优化设计的基本理论

## 一、结构优化方法

### (一) 结构优化方法的层次和步骤

#### 1.功能性优化

功能性优化体现在建筑方案形成阶段,方案阶段在使用功能形成的过程中应该有结构师的切入,将结构概念融入方案中,判断方案实现的可能性,并形成相对可能实现的方案,为后期的反复计算省去很多麻烦。但是,影响方案阶段的因素极其繁多,其中涉及的专业也多,建筑、结构、给排水、暖通、强电专业、弱电专业等,各专业必须协调起来。而作为优秀的结构设计师,就必须有协调自己与其他专业的综合能力。各专业对工程的影响程度会因具体工程而有所改变,不一而同,每一个工程所面临的主要矛盾并非一致,必须牢牢抓住关键因素,次要矛盾让位于主要矛盾。其最主要的任务是在保证方案可能实现的前提下,选择功能与经济平衡的方案。

#### 2.结构形式的优化选择

该阶段的任务是选择满足安全前提下的造价较低的结构形式,主要方法是判断对结构造成破坏的最主要因素。比如,建筑高度和两个方向长度的比例都比较小时,考虑的主控因素应该是结构自重,而如果建筑投影面积过大,其中的沉降问题又成为主控因素,而框架结构比较适合这样的工程,一般多层办公楼都采用框架结构。而住宅却多使用剪力墙,则又是由其使用功能决定的。对于七八层以上的建筑,地震力则成为主控因素,如果没有大跨度空间,一般只考虑水平方向的地震作用。而剪力墙在抗震性能上远远优于框架柱,同等截面面积下,一面墙的抗侧移刚度远远大于一根方柱。因此在高层中多用带抗震墙的结构。一方面,是要增加结构总体抗侧刚度,另一方面,刚度过大则会导致结构在地震中吸收更多的地震力,这并不利于抗震措施,导致过犹不及的结果。在抗震设计中,既要保证结构有一定的刚度,又要保证结构具有延性,并设置多道防线,这是一个矛盾体,必须找到这个矛盾的平衡点,这个平衡点也成为该阶段最难以掌握的关键点。[①]总而言之,要找到对结构构成主要威胁的因素,从而选择合适的结构形式。

在结构形式的选择过程中,有众多因素,而必须在概念上把握并保证的主要因素是:满足功能性要求、有一定的抗侧刚度、有一定的延性、设置多道防线、合理

---

① 孙波.建筑结构设计的优化方法及应用分析 [J].建材与装饰,2018(33):129.

的抗扭刚度、合理的结构自重。

3. 结构的总体布置

结构的总体布置即要求结构有合理的构成，使结构对称均匀、荷载传力直接、结构刚度合理、对空间有效利用。

（1）结构的对称均匀性

实际工程中理想的绝对均匀对称的高层建筑几乎是不存在的，但是对称均匀有利于建筑的抗震性能，有利于结构在风荷载下的抗侧移能力，有利于结构在重力荷载下的正常工作，是一个建筑结构设计好坏的特征之一。

1）结构的对称性。结构的对称性内含于建筑之内，这里所说的对称性，其实是指结构主体抗侧力构件的对称。比如，框架—剪力墙结构的剪力墙，框架—核心筒结构的是否中心对称，框架结构的框架是否形成对称的抗侧移结构，一般外形结构是比较容易实现结构对称的。

对于外形不对称的结构，如 L 型、T 型、Z 型等结构，也可以实现结构的内部对称。主要取决于结构设计师在平面布置上的心得经验，比如筒体位置、剪力墙位置的摆放，尽量使刚度中心与质量中心、平面的形心重合，从而实现结构的内部对称。

结构的不对称，会引起不必要的扭转效应，产生较大的扭转变形，而扭转变形对结构的抗侧移能力有很大影响，并对填充墙、外围构件比如玻璃幕墙等的正常工作产生极其不利的影响，同时会引起不必要的材料浪费、成本增加。因此，在方案形成阶段尽量满足对称的条件。

2）结构的均匀性。从四个方面来概括结构的均匀性：

第一，高层建筑的主体结构抗侧力构件在两个方向的刚度宜相近，变形特性也要适度接近。结构的效应和变形都是三维的，实际的地震作用方向具有不确定性，而实际的风荷载的方向也具有任意性，当结构周期和振型特性在两个主体方向表现比较相近时，会减小结构的扭转效应，比较有利于结构的抗震和抵抗风荷载作用的变形。这一点在结构的周期与振型信息中就能体现出来，两个方向的周期宜相近，周期比宜小不宜大，这里体现的是结构抗侧与抗扭的基本能力。

第二，高层建筑结构主体抗侧力构件在垂直方向的截面、构成应该变化均匀，不宜有突变。这里所说的是层间抗剪切刚度不宜有突变。这样的结构可以避免因为局部的破坏而引起整体承载能力大幅度下降，尤其是抗震设防等级要求比较高的建筑，应该多多注意。这一点，在 PKPM 的计算结果中，是用层间剪切刚度比去验算。

第三，在结构主要抗侧力构件的平面布置中，在同一方向的各片抗侧力构件刚度宜均匀，不宜在出现某些地方刚度特别大、特别集中的情况，长度比较长的而本身比较薄的实体剪力墙，这样的构件本身刚度很大，但是延性特别差。即便是结构已比较对称，刚心、质心、形心都很接近，整体刚度足够，在地震来临时，由于这些剪力墙的刚度比其他构件大很多，从而吸收更多的地震力，造成应力集中，并且其延性差，会率先破坏而造成结构整体失去承载能力。各片抗侧力构件刚度均匀，在水平力的作用下，整体受力均匀，整体协同作用会更好，有利于实现结构的延性设计。

第四，在主体抗侧力构件的平面布置上，应该注意中间核心构件与周边构件的协同作用，使结构具有比较好的抗扭转刚度，避免结构在风荷载或者地震作用下发生过大的扭转效应，导致结构或者非结构构件的破坏。实际工程千变万化，在结构本身对称性比较好的情况下，风荷载也许一样会产生较大的扭矩，尤其是相近建筑物的存在，有时候其扭转效应会超出结构设计的控制范围。

(2) 荷载的传力直接

荷载传力路径的明确清晰，并且传力直接是结构设计的基本要求之一。荷载传力不直接会导致结构材料的浪费，威胁结构的安全性。

1) 垂直方向荷载的传力直接。垂直方向的荷载指的是恒荷载、活荷载、雪荷载、积灰荷载等，这些荷载都是基本的荷载，并且长期发生作用。垂直方向的荷载传递是，由荷载作用于楼板，由楼板传递于梁，由梁传递于柱或者承重墙，再由柱或者墙传递给基础，经过面、线、点的变化传递垂直荷载。在此应该注意：

楼盖体系的布置，尽量使结构的竖向荷载以最短的传力路径传递到柱或者墙。在这过程中，荷载的传递分配并不是以设计所假设的路径进行力的转移，而是根据实际的刚度分配，刚度大的区域将承受更多的荷载，刚度小的区域将承受更少的荷载。

在竖向构件的平面布置上，所有竖向构件的轴压比应该接近，从而避免竖向压应力的二次转移。并不是要求所有的构件在压应力水平上保持绝对的一致，但是，如果设计结果显示竖向构件在压应力水平上相差很大时是有问题的，显然这样的结构构成是不合理的。二次应力的转移是以梁板柱的变形协调的方式实现的，这样势必引起梁板柱将要承受的附加二次应力，从而导致结构断面材料的增加，造成浪费，并给安全带来威胁。

在垂直方向的荷载作用下，结构构件的垂直压应力水平的协调分布很复杂，与施工过程、荷载作用时间、混凝土材料的徐变有关，结构设计事先难以控制，因此，设计中应该尽量避免结构的附加二次应力。

转换结构的布置，应该尽量减少转换层的设置，若要转换时，应该经过一次最多两次的转换层转换就能把力转到最下部的构件。尽量使结构竖向构件全楼贯通，不看具体情况，一切依赖厚板地去设置转换层，会给结构带来安全隐患与材料的浪费。

2) 水平方向荷载的传力直接。风荷载是高层建筑结构最重要的荷载之一。在结构设计中，应该保证结构在风荷载作用下不会发生过大的结构顶点位移、层间水平位移，不能使结构发生过大的侧向变形，以至于加大结构的二阶重力效应并引起非结构构件的破坏，比如幕墙、填充墙、电梯等的破坏。同时，还要满足水平位移舒适度要求，避免过大风振加速度效应，从而影响建筑物的使用。

在水平力作用中，地震作用与风荷载有同样的重要地位。与其他效应不一样的是，地震多表现为能量的消耗。

水平力的传递直接指：竖向构件宜连续贯通，截面变化、构成宜均匀，抗侧力构件传力体系必须明确而直接。

在水平力的传递上，外围构件排在首位，其次是楼板，再次为柱子或者剪力墙。这个过程中，楼板的传递作用是极其重要的，因此，楼板应具备足够的刚度，有效传递水平力，有力地协同空间各构件有效参加抗侧力工作。

填充墙应尽量使用轻质材料，与主体间为柔性连接，填充墙本身如果刚度过大，并且与结构主体实现刚性连接，会导致整体结构的水平力传递不明确、不直接，给安全带来隐患。非轻质材料的填充墙，不仅增大了结构的重量，而且增加基础造价，更因为其增加结构的刚度会导致地震能力的吸收增大，对结构产生不利的影响。

（3）结构的合理刚度

1）楼盖结构的合理刚度。楼盖刚度的合理主要是通过控制梁截面的大小、做适当的布置、控制好跨度等措施尽量实现对称性。楼盖的刚度过小则会产生过大变形，从而导致地面装饰的开裂、隆起，或者在设备运行时，楼面振动过大，影响结构的正常使用；楼盖的刚度过大则会增加结构自重，增加梁截面，占据空间过多，造成空间浪费，成本增加。

2）主体抗侧力构件的合理刚度。要想保证结构的正常使用，结构必须有一定的刚度，满足规范要求的水平位移、整体稳定、结构延性，同时结构刚度不宜过大：结构主体抗侧力构件刚度过大，结构周期变短，在地震来临时，地震效应会加大，水平倾覆力矩加大，水平剪力增大，地基负担加大，结构配筋都会变大，会造成结构材料的浪费。

结构刚度过大，结构所占面积和空间过大，建筑空间可利用率不高。合理的高层结构抗侧力刚度应该合理取值，不宜大于规范限值太多，结构的延性和安全储备主要来自合理的结构构造和精心的设计；不看具体情况而盲目增加构件截面，未必对结构有利，有时反而会带来成本加大、结构延性丢失、安全度无法保证的反差后果。

## 二、结构优化的控制指标

结构设计得好坏主要体现在其结构构成的合理性上：结构总体刚度足够大以抑

制结构的侧移，结构刚度的竖向均匀以免出现局部破坏而导致受力未达到结构承载力而破坏（薄弱层），结构的平面刚度均匀以减少扭转破坏。实践证明扭转效应会大大降低结构的整体承载力，结构总体质量越轻越可以减少结构地震效应，同时减少基础的负荷，诸如此类问题都可以用一些合理的指标来控制，通过这些指标可以检验一个结构的合理构成。

### （一）刚重比

结构侧向总刚度与重力荷载代表值的比值，表示一个结构在一定重度之下所具有的抗推刚度，称之为刚重比。

刚重比作为结构的重要指标，可以影响到很多别的指标，同时也被别的指标所影响，比如在周期比、位移比、剪重比、位移角的调整中都会影响到刚重比，因为它们都与刚度有关。因此，在调整所有涉及结构刚度的指标中，若发现结构的刚重比接近规范限值时，应该在结构的布置上着手，提高结构的总体抗侧移刚度。同时，应该注意刚重比在两个方向不宜相差太多，尤其是其中一个方向刚重比大大超过规范限值时，可以考虑削弱相应方向的结构刚度。但是在刚重比的调整中应该注意其他指标的变化，因为刚重比的变化必然会引起其他指标的变化。

规范中有刚重比的最小规定，主要用于两个判断，第一个是保证结构有足够的刚度以抵抗地震和风荷载作用的结构内力效应与变形，同时也防止结构的失稳效应；第二个是判断结构在重力荷载代表值之下的重力二阶效应，是否二阶效应严重或者可以忽略不计。当刚重比大于2.7时，表明结构的刚度比较大，此时二阶效应很小可以忽略不计。当刚重比小于1.4时，说明结构本身的刚重比较小，很容易引起结构的失稳效应，从而造成结构整体性的破坏。

刚重比所关联的东西很多，如果结构的刚重比比较大，那么仔细观察就会发现，一般情况下结构的周期会比较短，并且结构振型主要以平动为主，周期比比较容易满足规范要求，楼层位移角效应也比较小，位移也比较容易调整。但是并不排除因为结构布置不均匀对称而引起刚重比比较大，周期比、位移比依然不满足要求的情况。

刚重比不宜过大，亦不宜过小。刚重比过大的情况下，虽然对结构的抵抗风荷载上没有什么害处，但是，在水平地震作用下，其地震能量是按刚度分配的，刚度越大，地震效应则会越大，吸收的破坏能量也越多，这并不利于结构的抗震。抗震不仅要求结构有足够的刚度，同时，还有更重要的要求，那就是结构的延性设计，结构应该有一定的变形能力以消耗地震能量，保证结构在地震来临时不会出现比如剪切的脆性破坏，更能适应地震的多轮冲击。地震的破坏性，不仅仅表现在其力的效应上，实践表明，诸多结构的破坏不是发生在地震的第一轮冲击下，而是发生在地震的持续冲击下。当第一波冲击之后，结构变形还来不及消耗所有能量时，下一波冲击又来临，如此叠加，如果结构没有足够的变形协调能力，又没有进行结构的多道防线设计，结构就会发生一次性的整体破坏。而在刚度很大的结构中，一般不会破坏，一旦破坏则会非常严重。设计中应避免这种剧烈的、不可修复性的、损失惨重的破坏，所以结构刚重比不宜过大。而刚重比过小，则会导致更严重的后果，任何结构，即使设计的时候完全对称，但是因为施工、动力效应等其他原因，结构也都会存在一定的偏心，在刚度过小的情况下，重力二阶效应会加剧这种偏心的发展，慢慢地加剧结构的变形，使结构失稳变得自然而然，这种失稳往往会引起结构的倒塌，其后果比刚重比过大还要严重，因为这不是抗震问题，而是在日常的风荷载效应中就会发生结构的危险性破坏。

刚重比如果不满足要求，是必须要调整整体结构的。调整刚重比其实就是调整结构的总体刚度，那么更进一步就是结构主体抗侧力构件的调整，这与结构框架、剪力墙或者筒体的尺寸和位置都有关系。从经济角度上讲，自然不希望再加大构件尺寸，如果能从位置上调整则会更好，不浪费材料的同时又增加刚度。关于主体抗侧力构件的位置问题，比如框架—剪力墙结构，应该注意的是，所有的抗侧力构件，是不是形成相呼应相互加固的作用，尤其是剪力墙，如果是两片U型的剪力墙，"两口相对"形成封闭的圈，其总体刚度远比"两背相对"形成工字形的要大，分散的多片剪力墙肯定不如牢固连接且聚集在一起的剪力墙所贡献的刚度要大（这里并不是指一大长段的单肢剪力墙）。另外，要注意的是各片刚度很大的主体抗侧力构件之间的连接，比如连梁两端铰接与连梁两端固接的区别。调整思路应该是，先进行连接上的调整，再考虑位置的调整，最后才考虑加大构件。这样来讲，更符合工程对经济性的要求，同时也缩减设计的工作量。但是具体问题应该更细致地分析，此处所讲的仅是一个大原则。

### （二）周期比

周期比为结构扭转为主振型的第一周期与结构平动为主振型的第一周期的比值。在PKPM的计算中，周期长短在结构周期与振型信息的输出文件中可以看到，扭转耦联振动的主振型可通过振型方向因子来判断，在两个平动方向和扭转的方向的因子中，若扭转因子大于0.5，可认为是以扭转为主的振型。在结构两个方向均有各自平动为主的振型，而周期比的计算中所对应的平动周期指的是两个方向中周期较长的振型所对应的周期。

周期比本质上反映的是结构的本身抗扭刚度与结构侧向刚度的比例，这是结构本身的特性，不会因为外界荷载的改变而改变。更进一步来讲，周期比反映的是结构本身抵抗扭转的能力，这一点与位移比是不同的，位移比反映的是结构扭转的效应。结构抵抗扭转的能力强，并不一定代表结构的扭转效应会小，这还是要视相对的荷载情况而定。另外，在计算周期比时，不仅仅要看周期比的大小，同时也要看振型信息，有时候结构周期比是满足规范要求的，但是振型信息不对，比如会出现第一振型为平动而第二振型却出现了扭转为主的振型，或者在第一振型中就会出现过多的扭转因子，这都会给结构安全带来隐患。所以，在结构调整中应该更仔细一点，周期比满足规范要求并不代表结构本身动力特性是好的。

控制周期比的目的在于，控制结构在地震作用下的扭转效应，国内外的历次震害调查研究表明，结构刚度中心与结构质心和形心偏离过大、结构布置不具规则性（平面或者竖向凸出，刚度不均匀甚至突变）、结构扭转周期长、抗扭刚度小、周期比过大等原因都会导致结构在地震中遭到更为严重的破坏。当结构扭转为主的第一周期与结构平动为主的第一周期之比接近1，即结构的抗侧刚度与结构的抗扭刚度相近时，由于振动发生耦联效应的影响，结构的扭转效应明显增大。由于扭转产生的离质心距离为回转半径处的位移与质心的平动位移的比值称为相对扭转振动效应，当周期比小于0.5时，即使结构的刚度偏心很大，偏心距达到0.7倍的回转半径，其相对扭转效应在整体效应中的比例也仅仅是0.2，而周期比大于0.85之后，扭转效应明显急剧增加，即使偏心距很小，仅仅是回转半径的0.1倍，相对扭转效应也可达到0.25。如果周期比接近1，扭转效应可达到0.5。而结构的扭转效应最大的害处在于大幅度降低结构的承载能力，其实这与结构失稳属于同一类型，当扭转发生时，会导致结构内力未达到本身应有的承载力之前便发生破坏，并且是属于整体性破坏，这种破坏一旦发生，将无法修复，造成巨大的人身伤害与财产损失。

实际上，从相关规定来看，A级高度建筑周期比不应大于0.9，B级高度建筑的周期比不应大于0.85。

当结构的周期比（此处一定要注意校对振型的正常与否）不满足规范要求时，或者周期比没有达到设计者所要求时，要对周期比进行调整。在周期比的调整中，一方面，主要是调整结构平面，使结构平面布置均匀，减少结构的偏心，从而减少结构的扭转效应。另一方面，应该调整结构主体抗侧力构件在平面的相对位置，甚至尺寸大小，增大结构的抗扭刚度。与上个指标刚重比的调整有共同之处，又有不同之处，相同在于都是刚度的调整，不同在于周期比的调整更注重的是抗扭刚度的调整。抗侧刚度的关键在于力臂，抗扭刚度的根本也在力臂上，只是抗扭力臂是针对刚度中心而言的。对于即成的方案来讲，由于建筑功能布局等因素的影响，结构平面的尺寸是不能做大变动的，也意味着结构的偏心并不好调整，一旦调整可能要连着方案一起变动，其动静可能会过大。所以首选应该从第二方面入手，调整结构的抗扭刚度，其调整的原则是，确定结构的主体抗侧力构件，相对刚度中心，以形成封闭为目标进行布置，当然这种封闭是有程度限制的，只是尽量形成围绕刚度中心的封闭形状。如果能完成这样的布置，通常情况下就会发现不仅仅其抗扭刚度提高了，其抗推刚度也会相应提高，结构的整体性能会比较出色。

### （三）位移比

位移比分为扭转位移比和层间位移比。扭转位移比的位移指结构发生扭转时某个点相对扭转中心，在一定方向（X 或 Y 方向）发生的相对位移；层间位移比，指的是结构发生侧向位移时，相邻楼层间竖向构件发生的相对水平位移。扭转位移比表示楼层发生的最大扭转位移和楼层平均扭转位移之比，平均位移取最大位移与最小位移和的平均值，同理层间位移比也是取最大层间位移与平均层间位移的比值。

位移比的计算，其前提条件为强制性刚性楼板假定，若不符合刚性楼板假定的要求，得出的结论就有失准确，无法做出正确的判断。此外，位移比的计算有两点要注意：第一是规定水平地震力，第二是偶然偏心作用，位移比是在规定力之下考虑偶然偏心的结构位移效应。规定水平力的定义是通过振型组合之后计算地震剪力，在计算地震剪力之后，换算成水平力，再外加考虑偶然偏心，最后计算出位移效应，换算方法是取相邻两个楼层在地震作用下的剪力效应绝对值之差。此处所采用的组合为 CQC 组合，CQC 组合与 SRSS 是相对的组合方法。SRSS 组合表示平方和开平方的振型组合方法，是基于概率统计方法的基础之上的，其适用条件是各振型之间完全独立不相干扰，不存在任何耦联关系，当结构的自振形态和频率相关比较大时可采用这种组合方法；而一般情况下都采用 CQC 组合方式，这是完全二次振型组合，也是基于概率统计方法的基础上，考虑所有振型的关联性，其中的关联系数往往非常复杂而难以描述。

### （四）位移角

位移角也叫层间位移角，指相邻两块楼层之间竖构件的侧向位移与层高的比值，这里的侧向位移取层间发生的最大的侧向位移。

位移角是结构的效应值，位移角是针对风荷载和水平地震作用的位移效应，与位移比一样，位移角反映的是单层的位移效应。结构位移角过大，则意味着结构的变形幅度过大，直接影响到结构的正常使用，过大的变形会导致构件裂缝的扩散、外围构件如幕墙的破坏、建筑墙面或者装饰地面的破坏等问题。另外，限制层间位移角的目的在于保证主体结构基本处于弹性受力状态和非结构构件的完好，保证结构的安全有一定的富余度。

高度不大于 150 米的高层建筑，弯曲变形对其位移影响较小，层间位移角的限值按不同结构体系取值，在 1/1000 ~ 1/550 之间。但是，当高度超过 150 米之后，高层建筑由弯曲变形产生的侧移有较快的增长，所以超过 250 米的建筑，层间位移角的限值为 1/500，在 150 ~ 250 之间的建筑可以按线性内插法来取其层间位移角限值，并且这个高度阶段的位移角计算可以不考虑结构的偏心影响。在高层结构中，位移角过大就会影响结构的使用，威胁结构的安全，而位移角过小，则结构刚度过大，会造成经济上的浪费。

当位移角过大时，其调整的本质是要调整结构的侧向刚度，其调整原理与刚重比的调整是一样的，只是刚重比的调整是更大幅度地改变结构的刚度，而位移角的调整中，其调整幅度会更小。

### (五) 剪重比

剪重比指在水平地震作用下某一结构楼层的剪力效应标准值与本楼层对应的重力荷载代表值的比值，在规范中称之为剪力系数，剪力系数的值不应低于《抗规》中所对应的规定值。当剪重比小于 0.02 时，建筑人员就应该验算本层的稳定性。

剪重比的作用是判断振型分解反应谱法在当前结构下是否适用，确保振型分解法计算的准确性，这一点其实更多的是针对长周期结构，也就是总体刚度比较小的结构。在长周期结构中，由地震影响系数曲线的趋势可知，其地震影响系数比较小，如此按振型反应谱分解法计算得到的结构地震效应可能过小，并且对于长周期结构而言，速度和位移对结构的危害可能要大于加速度，对此，振型分解法是无法估量的。为了保证结构的安全，人为地提高结构的地震效应作为一种概念性的安全储备。当结构剪重比过小时，务必调整整体结构，提高其整体刚度，使结构总体水平力和楼层水平地震作用力满足要求。

只有在满足剪重比的条件下，后续的地震倾覆力矩、构件内力、位移等各项计算分析才能可靠进行。也就是说，如果地震剪力需要调整时，所有的倾覆力矩、内力、位移计算都要进行重新计算。

### (六) 侧向刚度的均匀性

侧向刚度的均匀性的控制，是指结构在竖向的楼层与楼层之间抗侧刚度的均匀性。第一，要控制相邻两层的刚度的比例；第二，要控制相邻几层的刚度平均值与其中一层的刚度比；第三，在关键部位，比如作为结构嵌固层或者加强层，其刚度应该比相邻层的刚度或者相邻几层的平均刚度要大。

### (七) 受剪承载力的均匀性

受剪承载力的均匀性通过本层与相邻上层受剪承载力比值的限制来实现，控制受剪承载力均匀性的目的是防止出现过于薄弱的楼层，以至于影响到整体的承载能力，同时也对出现相对薄弱的楼层做出一定的措施，以提高结构的整体承载能力。

从《高层建筑混凝土结构技术规程》中的规定来看，对于 A 级高度建筑来说，本层受剪承载力与相邻上层的受剪承载力的比值不宜小于 0.8，并且不应小于 0.65，B 级建筑这个比值不应小于 0.75。

### (八) 结构材料费用

结构优化最有说服力的莫过于同样满足安全性能和使用功能的条件下使用的材料最少，特别是钢筋量的减少。

在统计结构总体材料用量时，分别统计钢筋用量和混凝土用量，而在统计这两个方面的用量时，又分为板、梁、柱、墙的用量。在统计混凝土时按水泥级别来统计，统计用钢量时也按级别来统计。

在这样的统计下，可以清楚地看到当结构布置变化时哪一部分的材料用量是如何变化的，同时又能清楚地知道材料费用。

## 三、各指标关联性分析

总体来看，基本指标可分为结构特性指标、判定性指标、结构效应指标、经济性指标。结构特性指标又可分为：刚重比、周期比、侧向刚度比、受剪承载力比；判定性指标为剪重比；结构效应指标为位移比、位移角。

# 第四节　高层建筑结构设计及优化案例分析

## 一、原始方案及其构件截面初定

### (一) 原始方案介绍

整楼的模型就是一个主楼加一个大底盘，底盘是一个一层的地下室，地下室底面标高为 -5.70 米，顶面标高 -1.80 米或 -1.40 米，其上是到 -0.60 米的覆土，主楼的横向总体外形尺寸为 21.1 米，纵向外形尺寸为 55.2 米，地下车库南北长 119.21 米，东西长 55.75 米，建筑高度 87.6 米。地下一层层高 3.9 米，地上一层层高 9 米，其他各层层高 6 米。结构体系为钢筋混凝土框架——抗震墙结构，楼盖体系为部分井字梁、部分普通梁板式。

于整体布局来讲，地下室没有什么布置上变化的余地，因此，在保持地下室布局一致的情况下，仅仅改变主楼平面布局，由此改进而得方案二和方案三。

### (二) 截面初定和初步估算

在每一个模型建立之前，必做的就是构件截面的初取，但是截面到底应该取多少呢？不应该仅仅是靠经验，还要做简单的手算以校核所取截面是否可行。

板和梁的内力配筋计算，还有在进行裂缝、挠度计算时，把公式编入 Excel 之后，用 Excel 工作表来计算可以节省很多时间。

1. 构件截面初步确定

(1) 板厚取值

(2) 柱子截面取值

地下室到地上三层，柱子截面采用 1000×1000、900×900 两种截面，四层到七层柱截面为 950×950、900×900 两种截面，第八层到造型层所有柱子截面均为 900×900。

(3) 墙厚取值

地下室到地上一层，墙截面宽度为 600、350、300、250 四种，二层至三层墙截面宽度为 400、350、300、250 四种，四层以上墙截面宽度为 350、300、250 三种。

2. 板的初步估算

(1) 地下室库房区的板 (4500×7200) 验算

支座弯矩：69.22kN'm；跨中弯矩：47.6kN'm

支座配筋：12@100；跨中配筋：10@100

支座裂缝 (mm)：0.28 < 0.3；跨中裂缝 (mm)：0.25 < 0.3

挠度计算 (mm)：17.1 < L/200=18

(2) 一层金饰店区、洗手间的板 (4500×7200) 验算

支座弯矩：28.45kN'm；跨中弯矩：19.6kN'm

支座配筋：12@150；跨中配筋：8@100

支座裂缝 (mm)：0.25 < 0.3；跨中裂缝 (mm)：0.26 < 0.3

挠度计算 (mm)：22.4 < L/200=22.5

(3) 二层至顶层金饰店、洽谈室的板 (8400×7200) 验算

支座弯矩：83.13kN'm；跨中弯矩：57.15kN'm

支座配筋：14@110；跨中配筋：12@100

支座裂缝（mm）：0.28＜0.3；跨中裂缝（mm）：0.19＜0.3

挠度计算（mm）：33＜L/200=36

3. 梁的验算

在井字梁楼盖部分只验算主梁，在梁板式楼盖中验算主次梁，分别取代表性边梁和中梁进行验算。

（1）地下室边向纵向主梁验算

由于井字梁的双向协同作用非常强，其传力路径其实与一般梁板式不一样，而竖向力传递是由刚度决定的，因此，在计算主梁时，将次梁和板的竖向力整体简化成集中荷载向主梁传递：

支座弯矩：581.1kN'm；跨中弯矩：381.4kN'm

支座配筋：920；跨中配筋：720

支座裂缝（mm）：0.26＜0.3；跨中裂缝（mm）：0.24＜0.3

挠度计算（mm）：10.7＜L/250=31.2

（2）地下一层中间纵向主梁验算

支座弯矩：928.72kN'm；跨中弯矩：606.55kN'm

支座配筋：1122；跨中配筋：920

支座裂缝（mm）：0.26＜0.3；跨中裂缝（mm）：0.28＜0.3

挠度计算（mm）：15.9＜L/250=31.2

（3）地下一层中间横向主梁验算

支座弯矩：929.48kN'm；跨中弯矩：607.5kN'm

支座配筋：1022；跨中配筋：920

支座裂缝（mm）：0.28＜0.3；跨中裂缝（mm）：0.26＜0.3

挠度计算（mm）：12.4＜L/250=28.8

（4）边跨纵梁的设置

一层边跨纵梁取$400 \times 1000$是为了增加一层整体的稳定性，以连梁的概念来设置，从地下室边跨纵梁的计算中可知，此梁必满足要求。如果仅仅从恒活荷载的角度看，对比地下室荷载和梁截面可知，一层梁的取值不会有大问题，局部问题可在电算之后再进行处理，一般对整体的稳定性影响不大，这是很方便处理的，因此一层不再计算。同理，标准层的边梁也是人为加大以保证其整体性，其控制力来于整体效应，800的截面高度已能保证其恒活的承载力，不再加以计算。

（5）标准层7800跨次梁

支座弯矩：165.1kN'm；跨中弯矩：118kN'm

支座配筋：616；跨中配筋：516

支座裂缝（mm）：0.19＜0.3；跨中裂缝（mm）：0.26＜0.3

挠度计算（mm）：14.8＜L/250=31.2

（6）标准层横向边跨主梁

由地下室边梁比较梁截面、荷载大小和跨度可知，此梁满足要求，其作用同样为满足整体稳定要求。

（7）标准层中间横向主梁6700跨度

支座弯矩：267.8kN'm；跨中弯矩：120.7kN'm

支座配筋：520；跨中配筋：416

支座裂缝（mm）：0.27＜0.3；跨中裂缝（mm）：0.24＜0.3

挠度计算（mm）：6＜L/250=26.8

（8）标准层中间跨横向主梁7200跨度

支座弯矩：769kN'm；跨中弯矩：549kN'm

支座配筋：925；跨中配筋：922

支座裂缝（mm）：0.22＜0.3；跨中裂缝（mm）：0.29＜0.3

挠度计算（mm）：19.2＜L/250=28.8

（9）标准层中间纵向主梁8400跨度

支座弯矩：513kN'm；跨中弯矩：366.33kN'm

支座配筋：925；跨中配筋：922

支座裂缝（mm）：0.27＜0.3；跨中裂缝（mm）：0.27＜0.3

挠度计算（mm）：20.6＜L/250=33.6

4.柱子、剪力墙的估算

柱子、剪力墙的估算主要是轴压比，经验算其取值均合理。

## 二、结构平面布置优化

在方案形成、构件初选并估算之后，就可以输入模型并进行电算了，但是在上阶段的手算仅仅是一个粗略的概念性估算，进行电算之后，会有整体数据不合理或者局部超筋等许多问题的出现，这时候就必须从概念去分析问题的原因，可能是荷载输入不合理、计算参数设置不合理、构件尺寸不合理、结构材料不合理、结构平面布置不合理或者结构竖向布置不合理，甚至结构选型不合理等问题。能正确找到问题的根源才能真正去解决问题，这从根本上来讲还是对概念理解程度的考验，而这个阶段也反映一个结构设计人员的基本素养和设计水平还有经验的多少。[①]

---

① 陈耀.某高层住宅结构方案选型及优化 [J].福建建设科技，2018(33)：129.

## 三、结构构成及构件尺寸优化

综合来看，出于细节优化的目的，基于指标控制下的结构合理性的评估，可以从平面布置上来看其是否合理。从实际的数据结果来看，方案一、方案二、方案三在平面布置上都是比较合理的，但是方案三更为经济，接下来要探究的问题是：方案三是否可以再进一步优化，在细节上做更好的调整。

这一阶段要考虑的问题是：在大局数据合理的前提下，是否有超筋的现象，如果有超筋的现象，应该选择什么样的方式去调整会更合理，做完这些工作之后，是否可以更进一步地优化楼盖结构，或者调整构件的尺寸。

方案三在整体数据上看，刚度富余比较多，可以通过减小墙体刚度、增大开洞尺寸、调整楼盖体系、调整构件截面等方式对结构进行优化。

### (一) 楼盖体系优化

由于在初始阶段，从方案三的整体基本指标来看，有更多调整的余地，减小楼盖刚度对整体结构安全性影响不大。为此，取消地上二层、地上三层的井字梁结构，换成普通梁板式，取消地上十三层的密梁，换成普通梁。

所做的改变不会影响到整体结构在竖向刚度的均匀性、各层抗剪承载力比值，这一点从以上经验也可以得到验证，所以在以下讨论中，将对这一指标忽略，而是主要看刚重比、侧向刚度比、周期与振型、周期比、位移角、位移比等指标的变化。

1. 结构总体指标

表 2-1　楼盖优化后基本指标对比

| 内容＼类别 | 部分井字梁 | 全体梁板式 |
|---|---|---|
| 刚重比 | X 方向刚重比为 4.39，Y 方向刚重比为 3.61 | X 方向刚重比为 4.51，Y 方向刚重比为 3.72 |
| 周期与振型 | 第一振型为 Y 方向的平动，周期为 1.8469 秒；第二振型以 X 方向的平动为主，扭转系数为 0.01，周期为 1.6920 秒；第三振型以扭转为主，X 方向的平动系数为 0.01，周期为 1.4416 秒，周期比为 0.78 | 第一振型为 Y 方向的平动，周期为 1.8074 秒；第二振型以 X 方向的平动为主，扭转系数为 0.01，周期为 1.6566 秒；第三振型以扭转为主，X 方向的平动系数为 0.01，周期为 1.4196 秒，周期比为 0.785，在第三振型之后到第六振型才出现扭转，但是 X 方向的平动周期往往会伴随着扭转 |
| 位移角 | 最大位移角出现在 Y 方向偶然偏心的地震作用下第九层的 1/1203 | 最大位移角出现在 Y 方向偶然偏心作用下第八层的 1/1215 |

续　表

| 类别<br>内容 | 部分井字梁 | 全体梁板式 |
|---|---|---|
| 扭转位移比 | 最大扭转位移比出现在 Y 方向偶然偏心的地震作用下第二层的 1.18 | 最大扭转位移比出现在 Y 方向偶然偏心的地震作用下第二层的 1.18 |
| 层间位移比 | 最大层间位移比出现在 Y 方向偶然偏心的地震作用下第二层的 1.19 | 最大层间位移比出现在 Y 方向偶然偏心的地震作用下第二层的 1.19 |

2. 经济指标

（1）混凝土用量

表 2-2　楼盖优化后混凝土用量（m³）

| 层号 | 墙 | | 现浇板 | | 柱 | | 梁 | | 合计 |
|---|---|---|---|---|---|---|---|---|---|
| | C30 | C40 | C25 | C30 | C30 | C40 | C30 | C40 | |
| 合计 | 2855 | 2082 | 1659 | 1985 | 1164 | 792 | 1149 | 1554 | 13240 |
| | 4937 | | 3644 | | 1956 | | 2703 | | |

（2）钢材用量

表 2-3　楼盖优化后钢材用量

| 层号 | 梁（kg） | 柱（kg） | 板（kg） | 墙（kg） | 合计 |
|---|---|---|---|---|---|
| 合计 | 525295 | 246054.6 | 263331.6 | 436884 | 1471565.2 |
| kg/m² | 22.20579 | 10.40146 | 11.13181 | 18.46839 | 62.20745 |

**（二）墙体调整**

1. 结构整体指标

原先南边两个筒的洞口在 X 方向为 $2000 \times 3000$，Y 方向为 $2200 \times 3000$，现分别改成 $3000 \times 4000$、$3200 \times 4000$。总体数据如下：

表 2-4　墙体优化后基本指标

| 类别<br>内容 | 墙体洞口尺寸调整之后 |
|---|---|
| 刚重比 | X 向刚重比为 4.27<br>Y 向刚重比为 3.33 |

| 内容＼类别 | 墙体洞口尺寸调整之后 |
|---|---|
| 周期与振型 | 第一振型为 Y 方向的平动，周期为 1.9382 秒；第二振型以 X 方向的平动为主，扭转系数为 0.01，周期为 1.7163 秒；第三振型以扭转振型为主，X 方向的平动系数为 0.01，周期为 1.5985 秒，周期比为 0.825，在第三振型之后到第六振型才出现以扭转为主的振型，扭转系数为 0.57，扭转振型与 X 方向平动多有干扰。从周期与振型上看，结构抵抗侧移和扭转的能力都不错 |
| 剪重比 | 满足要求 |
| 位移角 | 最大位移角出现在 Y 方向偶然偏心作用下第八层的 1/1139 |
| 扭转位移比 | 最大扭转位移比出现在 Y 方向偶然偏心的地震作用下第二层 1.19 |
| 层间位移比 | 最大层间位移比出现在 Y 方向偶然偏心的地震作用下第二层 1.20 |

2. 经济指标

（1）混凝土用量

表 2-5　墙体优化后混凝土用量（m³）

| 层号 | 墙 | | 现浇板 | | 柱 | | 梁 | | 合计 |
|---|---|---|---|---|---|---|---|---|---|
| | C30 | C40 | C25 | C30 | C30 | C40 | C30 | C40 | |
| 合计 | 2822 | 2076 | 1659 | 1985 | 1170 | 789 | 1194 | 1554 | 13249 |
| | 4898 | | 3644 | | 1959 | | 2748 | | |

（2）钢材用量

表 2-6　墙体优化后钢材用量

| 层号 | 梁（kg） | 柱（kg） | 板（kg） | 墙（kg） | 合计 |
|---|---|---|---|---|---|
| 合计 | 481372.6 | 255894.8 | 263805.4 | 437304.5 | 1438377.3 |
| kg/m² | 20.34906 | 10.81744 | 11.15184 | 18.48599 | 60.80433 |

（三）梁截面调整

1. 结构整体指标

这一步中将中间主梁高度从 700 降到 600，外边缘主梁从 1000 或者 800 都降低到 700，次梁高度一律降到 450。整体数据如下：

表 2-7 梁截面优化后基本指标

| 内容＼类别 | 梁截面调整之后 |
|---|---|
| 竖向刚度均匀性 | 很均匀 |
| 层间侧向刚度比 | 满足规范要求 |
| 层间抗剪承载力比 | X 方向最小楼层抗剪承载力之比 :0.94 层号 :2 塔号 :1<br>Y 方向最小楼层抗剪承载力之比 :0.93 层号 :2 塔号 :1 |
| 刚重比 | X 向刚重比为 3.58<br>Y 向刚重比为 2.98 |
| 周期与振型 | 第一振型为 Y 方向的平动，周期为 2.0316 秒；第二振型以 X 方向的平动为主，扭转系数 0.02，周期为 1.8534 秒；第三振型以扭转振型为主，X 方向平动系数 0.02，周期为 1.6686 秒，周期比为 0.82，在第三振型之后到第六振型才出现以扭转为主的振型，扭转系数为 0.65，扭转振型与 X 方向平动多有干扰。从周期与振型上看，结构抵抗侧移和扭转的能力都不错 |
| 剪重比 | 满足要求 |
| 位移角 | 最大位移角出现在 Y 方向偶然偏心作用下第九层的 1/1066 |
| 扭转位移比 | 最大扭转位移比出现在 Y 方向偶然偏心的地震作用下第二层的 1.19 |
| 层间位移比 | 最大层间位移比出现在 Y 方向偶然偏心的地震作用下第二层的 1.20 |

2. 经济指标

（1）混凝土用量

表 2-8 梁截面优化后混凝土用量（m³）

| 层号 | 墙 | | 现浇板 | | 柱 | | 梁 | | 合计 |
|---|---|---|---|---|---|---|---|---|---|
| | C30 | C40 | C25 | C30 | C30 | C40 | C30 | C40 | |
| 合计 | 2822 | 2076 | 1658 | 1986 | 1169 | 789 | 955 | 1380 | 12835 |
| | 4898 | | 3644 | | 1958 | | 2335 | | |

（2）钢材用量

表 2-9 梁截面优化后钢材用量

| 层号 | 梁（kg） | 柱（kg） | 板（kg） | 墙（kg） | 合计 |
|---|---|---|---|---|---|
| 合计 | 448589.6 | 246310.7 | 263805.4 | 436378.4 | 1395084.1 |
| kg/m² | 18.96322 | 10.41229 | 11.15184 | 18.44702 | 58.97437 |

## (四) 结构构成及构件优化总结

这里所做的调整工作为，楼盖体系的调整、洞口尺寸的调整、梁柱截面调整、对比墙体处理方式。这里主要是给出设计时的一个优化思路，首先是在整体基本指标上的分析和判断，在结构安全富余度比较大的时候，可以考虑更细节的调整。就这一阶段来讲，优化的余地并没有那么大，比较每一步优化的结果为：

表2-10　构成及构件优化后材料指标

| 内容　　　　　类别 | 混凝土总用量（m³） | 钢材总用量（kg） |
|---|---|---|
| 初始阶段 | 13150 | 1532113 |
| 楼盖体系优化 | 13240 | 1471565 |
| 墙体优化 | 13249 | 1438377 |
| 构件尺寸优化 | 12836 | 1395084 |

注：按混凝土每立方米300元、钢材每吨5000元算。

表2-11　构成及构件优化后经济指标

| 内容　　　　　类别 | 材料费（万元） | 优化结果（万元） |
|---|---|---|
| 初始阶段 | 1160 | —— |
| 楼盖体系优化 | 1133 | 28 |
| 墙体优化 | 1117 | 16 |
| 构件尺寸优化 | 1083 | 34 |
| 总体优化结果 | —— | 77 |

由表2-11可以看出，一方面，在结构构成及构件截面上的优化可以节省 77/1449=5.3% 的材料费。另一方面，可以对比墙体的处理方式所得结果的差别，从刚度上来看，首先是墙体设洞的方式使结构的整体刚度增大，其次是连梁固接，再次是连梁设缝，最后是连梁铰接。这里所能提供给设计者参考的是：第一，在平面布置之后优化的思路；第二，每一个优化步骤所能带来的效益的参考；第三，墙体的处理方式差异。

# 第三章　装配式低层建筑的技术评价与技术选择研究

## 第一节　装配式低层建筑技术评价指标体系研究

### 一、技术指标建立原则

在应用指标体系对装配式低层建筑进行技术评价时，指标体系应该能够反映评价的各方面结果，并遵循以下原则：

#### (一) 具备评价参考依据

装配式低层建筑技术评价指标体系的建立要有合理依据，能够平衡技术评价各方的利益诉求，遵循市场经济发展的基本规律，符合西南山地人居环境和建筑产业转型升级的诉求，评价指标和评价依据能够对应。

#### (二) 符合装配式建筑基本定义

指标体系需要定位装配式低层建筑，清晰描述装配式低层建筑的产业技术特征，综合反映装配式低层建筑技术推广的状况，引领产业技术的发展方向。

#### (三) 符合区域性利基创新战略

评价指标的选取和确定要符合装配式低层建筑利基市场技术评价和技术选择的方法，体现利基市场和利基战略的重要性。

#### (四) 指标能够进行量化

指标体系建立过程中要引入装配式建筑评价标准的量化依据，结合评价系统和算法模型，通过分析数据结果，对比评测，同时需要定量的指标要给出定量评价的具体方法，定量计算要有参考依据。

#### (五) 便于理解和可操作性强

由于影响山地区域装配式低层建筑技术评价的因素有很多，指标应重点突出，以便于专家接受和理解，同时指标的验证和评价应易于操作，便于实施和推广。

## 二、指标构建过程

在总结装配式低层建筑利基市场特征的基础上，本书仔细总结了当前《装配式建筑评价标准》（GB/T 51129-2017）的实际情况和实践经验，以及与建筑有关的标准和规范，参照相关国家标准，并通过国内外先进示范项目的内容，广泛征求行政管理专家和项目实施主体专家的意见，结合利基理论和技术选择理论，运用专家调查方法和层次分析法，试图建立西南山区的区域集会。低层建筑技术评价指标体系详见表3-1。

受传统建造方式路径依赖，当前区域市场还没有形成优质优价的接纳意识，为满足不同层次的技术需求、提升建造品质、带动产业升级，需要科学合理地评价指标建设。

因此，对评价因素的选取，既要满足宏观产业层面的技术评价战略标准，又要体现微观企业层面对项目实施操作层面的关注，最好能结合装配式建筑决策咨询的要点，对评价指标体系进行有效整合。具体步骤为：

### （一）原始文本收集与处理

通过互联网收集在中国装配式与建筑相关的招标公告文本以及建筑行业新出台的相关规范并进行深入阅读，分析各文本对装配式建筑评估的语句，对语句进行语义分解、合并、编号。

### （二）基于关键词的语义聚类

对编号后的装配式技术选择评估语句进行关键词的提取，通过关键词对语句进行聚类，使用同一聚类结果所包含的语句在语义上表达相同或相似的概念，并进行语句数量的统计。

### （三）装配式技术选择评价指标的体系构建

分析各语义聚类的关键词，从中汇总、提炼出创意评价一级、二级指标。以下将装配式低层建筑的评价内容划分为企业战略评价、产业共性评价和区域特性评价三个方面。

1.企业战略评价

企业战略评价由企业经济效益、企业技术策略和商业模式评价组成，具体包括影响企业战略的综合性成本控制、增量成本控制、全寿命周期成本控制、技术应用范畴、企业战略支持情况、相关产业带动情况、业务结构、盈利模式和经营模式。

2.产业共性评价

产业共性评价由技术先进性、技术成熟度、技术创新能力组成。具体包括影响产业共性的预制率水平、装配率水平、建筑集成水平、方案设计能力、方案实施能力、生产制作及质量控制水平、主体结构创新度、外围护墙和内隔墙技术创新、一体化装修与设备管线、BIM技术应用水平、创新技术应用水平。

3.区域特性评价

区域特性评价由区域环境适应力和项目选址与规划水平组成。具体包括室内空气质量控制，交通运输保障能力、产业配套成熟度、专项政策支持力度、项目场地设计水平、建筑设计水平、消防设计水平、结构设计水平、设备设施设计水平和山地建筑工程技术与自然生态保护（具体见表3-1指标体系）。

表3-1 装配式低层建筑技术评价指标体系

| 目标层 | 准则层(3) | 因子层(10) | 指标层(35) |
|---|---|---|---|
| 西南山地区域装配式低层建筑技术评价指标体系 | 企业战略评价 $g_1$ | 成本控制 $g_{11}$ | 综合性竞争成本控制 $g_{111}$ |
| | | | 增量成本控制 $g_{112}$ |
| | | | 全寿命周期成本控制 $g_{113}$ |
| | | 技术策略 $g_{12}$ | 技术应用范畴 $g_{121}$ |
| | | | 企业战略支持情况 $g_{122}$ |
| | | | 相关产业带动情况 $g_{123}$ |
| | | 商业模式 $g_{13}$ | 业务结构 $g_{131}$ |
| | | | 盈利模式 $g_{132}$ |
| | | | 经营模式 $g_{133}$ |
| | 产业共性评价 $g_2$ | 技术先进性 $g_{21}$ | 预制率水平 $g_{211}$ |
| | | | 装配率水平 $g_{212}$ |
| | | | 建筑集成水平 $g_{213}$ |
| | | 技术成熟度 $g_{22}$ | 方案设计能力 $g_{221}$ |
| | | | 方案实施能力 $g_{222}$ |
| | | | 生产制作及质量控制水平 $g_{223}$ |
| | | 技术创新力 $g_{23}$ | 主体结构创新 $g_{231}$ |
| | | | 外围护墙和内隔墙 $g_{232}$ |
| | | | 装修和设备管线 $g_{233}$ |
| | | | 建筑信息化 BIM $g_{234}$ |
| | | | 创新提高水平 $g_{235}$ |

续　表

| 目标层 | 准则层 (3) | 因子层 (10) | 指标层 (35) |
|---|---|---|---|
| 西南山地区域装配式低层建筑技术评价指标体系 | 区域特性评价 $g_3$ | 资源环境适应能力 $g_{31}$ | 成品建筑室内空气质量 $g_{311}$ |
| | | | 交通运输保障能力 $g_{312}$ |
| | | | 产业配套成熟度 $g_{313}$ |
| | | | 专项政策支持程度 $g_{314}$ |
| | | 项目选择与规划水平 $g_{32}$ | 项目场地设计 $g_{321}$ |
| | | | 项目建筑设计水平 $g_{322}$ |
| | | | 项目消防设计水平 $g_{323}$ |
| | | | 项目结构设计水平 $g_{324}$ |
| | | | 项目设备设施设计水平 $g_{325}$ |
| | | | 山地建筑工程技术与自然生态保护 $g_{326}$ |

## 三、指标分析

经济效益需求主要是指满足综合性竞争成本的控制、增量成本的控制、财政补贴力度强、投资回报率高、设备利用率高；社会效益需求主要是指满足技术应用范畴广泛、带动就业、带动周边产业的能力；生态效益需求主要是指满足技术节能减排、生态负担较小；技术先进性主要是指满足装配式建筑的产业共性，如预制率水平、装配率水平、技术参数的领先性；技术适应性主要是指技术体系美观、易用、安全性强、能够进行后续升级维护；技术成熟度主要是指企业具备足够的方案设计能力、足够的方案实施能力、能够以标准化生产；技术创新力主要是指预制技术在主体结构上面有创新、在外围护墙和内隔墙技术方面有创新、做到一体化装饰装修，融入 BIM 技术信息化管理能力，在建造过程中采取足够的新技术；经济环境影响主要是指技术体系在原材料采购价格方面较低、技术体系受到企业战略支持力度够大、终端消费市场能够承受；社会环境影响主要是指获得较大的政策支持力度、具有足够多的专业人才储备、突破传统建造的路径依赖；生态环境影响主要是指该技术体系能够适应复杂的地质条件，运输过程中适应复杂的道路交通环境、保温隔热，适宜多变的气候条件。

### (一) 企业战略的评价指标

企业发展战略评价关系到一定时期内企业发展方向、发展速度、发展质量、发展能力的重大选择、规划及策略。随着企业经济效益评价、企业技术策略评价和企业商业模式提升，企业竞争优势逐步形成。企业战略的评价指标越高，说明该技术体系在市场中获得投资或研发机会的概率就越大，相关技术储备的水平也就越高。

1. 企业经济效益

成本控制是企业战略策略的基础，主要包括综合性竞争成本控制、增量成本控制、全寿命周期成本控制三个评价指标。

实践过程中由于不同装配式低层建筑技术体系在成本控制方面的理解有所不同，成本控制的措施不同，专家的评价差异较大不可避免。

(1) 综合性竞争成本控制

综合性竞争成本主要针对项目实施主体在投资决策过程中对项目需求方、业主单位、消费者等投资主体的单位报价，代表了某项技术体系在开放性竞争环境中对单位面积的工程造价，用单纯的价格判断获得利基市场的能力。

(2) 增量成本控制

增量成本主要包括预制构件的材料费、人工费、管理费和固定摊销费，评价方法参考了"对装配式建筑工程增量成本测算的方法"，本书在参照了以上思路后设计了增量成本控制评价指标。[①]

评价要素包括：1) 有效控制材料费用的增加，包括对拉结件、预埋件、连接件的使用；2) 按照构件种类差异与施工工艺的区别，有效控制构件人工费；3) 有效控制预制构件生产制造活动中产生的工厂管理费和企业综合管理成本；4) 有效控制固定资产摊销费，将厂房、土地等所耗的费用合理平摊到每个月的各项成本中。

(3) 全寿命周期成本控制

全寿命周期成本包括前期策划阶段、设计阶段、招投标阶段、招标阶段、施工阶段、竣工阶段的成本控制措施。作为综合性评价指标的重要组成项，全寿命周期成本控制的评价主要是为了对项目建设的必要性和可行性做出经济论证。余荣芳、杨通清、王英春等学者从策划阶段、设计阶段、招标阶段、施工阶段、竣工阶段对装配式建筑的全寿命周期成本控制进行了大量的理论研究。通过总结他们的研究成果，本书将评价要点归纳如下：

评价要点：第一，是否采取限额设计减少成本提案；第二，是否进行第三方概预算咨询；第三，是否实施设计索赔制度与奖励制度；第四，是否具备协同设计组织能力；第五，是否能够提供招标价格依据；第六，是否符合招投标资质；第七，是否具有控制施工成本的有效措施；第八，是否进行前期现场踏勘；第九，是否有全面细致的工程计量；第十，是否做好工程记录，方便提供索赔依据；第十一，是

---

① 陈伟，等. 装配式建筑工程增量成本测算 [J]. 财会月刊，2018(06)：75-81.

否重视修改和补充合同；第十二，是否合理安排工期；第十三，是否按照相关程序做出竣工结算审计。

受项目实施主体在成本控制能力方面的限制，需要对装配式建筑的全寿命周期管理进行综合评价，杜绝评价主体在实现短期经济效益中偏执决策。

2. 企业技术策略

技术策略评价的目的不是技术自身的优势，而是通过技术评价实现企业资源整合的最高价值，考察重点应该是技术体系在企业战略经营层面的灵活性。根据装配式低层建筑利基市场创新战略方面的实践，本书从技术来源角度划分出 12 种技术创新策略（自主创新、模仿创新、跟随创新、技术合作、技术合资、技术并购、技术许可、风险投资、技术改进、创新外包、退出策略），主要评价技术应用范畴、技术战略支撑力度、相关产业带动情况三个方面的水平。

（1）技术应用范畴

装配式低层建筑相关企业技术储备是其创新的重要资源，在很大程度上决定了企业技术策略的选择。企业技术能力主要包括企业的显性技术水平和隐性学习能力。企业的显性技术水平主要由企业已有技术基础、科研人员储备、实验设备完善性、专利数量等因素体现；企业的隐性学习能力主要指的是企业的技术监测能力、技术吸收改进能力和技术创新能力等。

显性的技术评价要点包括：1）具备一定的技术储备，能够依托现有技术进行市场拓展；2）储备有与技术发展相适应的科研人员；3）具备进行技术创新的实验设备或产业孵化基地；4）能够围绕自身技术体系不断获得相应的知识产权；5）具有可操作的技术流程，符合现在主流技术水平的优化后流程；6）不断增长的技术水平知识与技术人员学习的进度是否脱节。

隐性的技术评价要点包括：1）具备技术监测能力，跟随龙头企业进行技术创新；2）具备模仿能力，快速吸纳成果的技术经验；3）具备技术合作能力，对外开展创新；4）创新能力：研发、管理、生产、工艺、市场等方面；5）不断完善企业相关制度；6）建立有利于创新等的企业机制；7）充分发挥产学研优势；8）具有针对性的创新活动。

（2）技术战略支撑力度

装配式建筑是典型的技术密集型行业，科研投入大、周期性长。鉴于此，装配式低层建筑相关企业需要进行长期的产业规划，通过不断的资源投入才能完成前期的技术积累，而且应该根据具体技术的需求程度，采取不同的技术创新策略。

要确定单项技术的需求程度，构配件生产企业既要把握西南山地新型城镇化建设发展的趋势和国家建筑技术创新方向，又要充分调研本企业技术发展现状、挑战及具体需求。

当某项技术积累到一定程度后，获得大量经验才开始全面而自主地创新；当对某项技术需求程度较低、产业前景不明确时，则可以采取技术合作甚至市场退出策略。

评价要点包括：1) 对当前和以后的技术需求能够进行有效预测；2) 能够根据区域性市场需求对技术进行快速改进；3) 能够为其他技术体系提供相关的产业配套服务；4) 具备产业链协同优化能力；5) 完善相关法律政策，建立健全相关制度，为技术提供政策保障；6) 定制完善的技术方案，筛选最佳的措施提升技术的应用效果；7) 对新技术有能力进行合作研发、获得授权、直接购买等多种方式进行有效整合；8) 与高新技术企业、高校、科研机构等合作，攻破技术难关，形成有价值的研究开发成果。

(3) 相关产业带动情况

装配式低层建筑技术都有其生命周期，不同阶段决定了企业的市场机会和技术策略模式。皮光林等在企业技术创新策略选择中将技术发展阶段划分为两个时期：发散阶段 (指的是技术新兴期和成长期) 和收敛阶段 (指的是技术成熟期和衰退期)。[①]本书借鉴了其在不同阶段对技术策略的定位，设计了相关产业带动力的评价指标。

1) 技术发散阶段的评价要点：第一，具备较强的技术垄断能力，市场占有率高；第二，企业愿意为技术发展进行前期风险投资；第三，企业提高自身竞争力，提高生产力，推动技术相关产业发展，以此推动技术更新；第四，扩大产品组合，不断自我完善技术缺陷。

2) 技术收敛阶段的评价要点：第一，能够以较低的成本维持生产经营；第二，能够采取技术许可的方式拓展第三方服务商；第三，能够采取技术外包形式对外输出技术服务；第四，优化梳理技术、管理流程，提高运营效率；第五，对原有技术进行二次创新。

3. 企业商业模式创新

商业模式创新评价是指，从事装配式低层建筑的企业能否根据利基市场的现实需求，调整原有的经营模式或组织架构，激发技术创新活力，提高市场占有率，更好地适应外部环境带来的潜在变化，从而运用经济行为有效输出自身技术体系。关于商业模式创新的评价，既要体现企业自身的经营理念，又要兼顾企业间的资源协同，实现产业链整合创新。通过技术评价，调整资源的分配方式、匹配合适的技术储备、定义企业的商业价值、找准企业的产业定位，搭建与配套企业之间的关联。

① 皮光林，光新军，等. 多维评价视角下的石油企业技术创新策略选择 [J]. 石油科技论坛，2017(04)：35-40.

关于企业商业模式的评价，部分学者从企业内部出发对商业模式进行评价，包括业务结构创新、盈利模式创新和经营模式创新，部分学者从外部环境进行评价，包括与产业链中上下游关系、与企业战略的匹配程度以及市场表现。现阶段，装配式低层建筑还处于产业发展的初期阶段，上下游产业链尚不完善，还没有找到与企业战略相适应的竞争策略，企业内部商业模式评价比资源整合更加重要，装配式低层建筑整体解决方案更需要从自身技术构架和业务模型方面进行完善。①

本书将装配式建筑商业模式创新分为三类：业务结构创新、盈利模式创新、经营模式创新。

评价要点为：第一，出现了产业链延伸和整合；第二，出现了产业转型及效果；第三，所涉足新业务 / 产业的发展前景；第四，产生了新型盈利模式；第五，新型盈利模式效果；第六，在采购模式中有创新；第七，在生产模式中有创新；第八，在销售模式或渠道中采取了适应市场的模式；第九，商业模式创新是否使得企业与上游供应商合作关系加强；第十，商业模式创新是否使得企业与下游客户合作关系加强；第十一，企业发展战略的行业领先性；第十二，企业实行的新商业模式与企业发展战略匹配吻合程度；第十三，新商业模式有助于开辟新的市场；第十四，新商业模式有助于巩固深化原有市场。

**(二) 产业共性评价指标**

产业共性评价指与装配式建筑产业技术评价标准相关的因素，主要针对技术先进性评价、技术成熟度评价和技术创新力评价。这部分评价应该遵循《装配式建筑评价标准》(GB/T 51129-2017) 和与装配式低层建筑相关的标准和规范。

1. 技术先进性

装配式低层建筑产业技术创新目标或成果先进性的评价，主要包括预制率水平、装配率水平、建筑集成技术三个方面。

(1) 预制率水平

预制率是指建筑中预制构件、建筑部件的数量 (或面积) 占同类构件或部品总数量 (或面积) 的比率。国家标准《工业化建筑评价标准》(GB/T 51129-2015) 给出的定义是：工业化建筑室外地坪以上主体结构和围护结构中预制部分的混凝土用量占对应构件混凝土总用量的体积比。

工业化建筑评价标准中对预制率的计算采取体积比的计算方法，适用于构件材料品种基本相同、单位体积价值相差不大的情况。评价目标是需要体现出工业化制

---

① 杨仕文，徐霞，王森．装配式混凝土建筑产业链关键节点及产业发展驱动力研究 [J].
企业经济，2016(06)：123-127.

造的优越性，包括标准化、模数化、构件的互换率。

虽然利用体积比的计算方法无法真实反映实际情况，不同技术体系的价值比掩盖了某些预制构件单价偏高的倾向，如钢结构技术体系的单价远高于传统的钢筋混凝土结构，但是体积反而较小。但毕竟反映了装配式建筑工厂化生产的特点，在装配式低层建筑单体成品技术方案中，会有大量材料品种相同、单位体积价值类似的预制构件。

建筑单体预制率可按以下两种方法进行计算。其中，混凝土结构可按方法一或方法二进行计算，钢结构、钢—混凝土组合结构、竹木结构可按方法二进行计算。

1) 对于建筑单体仅为混凝土结构的装配式建筑，其单体预制率可按以下方法计算 (仅适用于混凝土结构)。

$$建筑单体预制率 = \frac{预制部分混凝土体积}{现浇部分混凝土体积 + 预制部分混凝土体积} \times 100\%$$

2) 对于建筑单体为混凝土结构、钢结构、钢—混凝土混合结构、木结构等结构类型的装配式建筑，其单体预制率可按以下方法进行简化计算 (适用于混凝土结构、钢结构、竹木结构、组合结构)。

$$建筑单体预制率 = \Sigma(构件权重 \times 修正系数 \times 预制构件比例) \times 100\%$$

专家在进行计算评价过程中，对于不同的结构体系，构件权重和修正系数参照《工业化建筑评价标准》中的规定。

(2) 建筑集成技术

主要评价依据是装配式建筑评价标准中对一体化技术集成的特征描述，主要包括外围护结构集成技术、室内装饰装修集成技术、机电设备集成技术。

外围护结构集成技术主要评价：第一，预制结构墙板、保温、外饰面一体化外围护系统，是否满足结构、保湿、防渗装饰要求；第二，预制结构墙板、保温或外饰面一体化外围护系统，是否满足结构、保湿、防渗装饰要求。

室内装修集成技术主要评价项目室内装修与建筑结构、机电设备一体化设计，采用管线与结构分离等系统集成技术。

机电设备集成技术主要评价机电设备管线系统采用集中布置，管线及点位预留、预埋到位情况。

具体评价依据可参考《装配式建筑评价标准》(GB/T 51129-2017) 中对建筑集成技术的有关规定。

2. 技术成熟度

主要是对区域内项目实施主体在技术方案制定过程中的能力，其中包括方案设计能力、方案实施能力、预制构件标准化和模数化的水平，配套技术成熟度和技术标准化情况。

（1）方案设计能力

装配式建筑的方案设施能力评价，主要是为了解决预制构件的工业化生产问题。企业在方案设计过程中表现出来的结构深化设计能力、施工配件深化设计能力、构件设计，与构件生产工艺的协同机制，项目设计与施工组织能力，构件的规范化、通用性能力，构件连接技术的安全性、可靠性、易于施工性，构件运输和吊装的能力，支模工具的使用能力，装配化施工的安装调度和公差配合能力。[①] 结合任海月在商品住宅产业化指数体系研究中对装配式建筑方案设计能力中的论述，本书设计了以下相关评价要点：

第一，具有完整的构件深化图，主要包括设计说明、构件统计表、连接节点详图、构件加工详图、构件安装详图、预埋件详图；第二，构件深化图应满足工厂生产、施工装配等相关环节承接工序的技术和安全要求，各种预埋件、连接件设计准确、清晰、合理；第三，构件设计与构件生产工艺结合良好，与构件生产工厂建立有协同工作机制；第四，项目设计与施工组织紧密结合，与施工企业建立有协同工作机制；第五，构件设计合理、规格尺寸优化、便于生产制作，有利于提高工效、降低成本；第六，构件连接技术安全可靠、构件合理、施工简便；第七，构件设计满足构件运输和吊装能力要求，便于安装施工；第八，满足不同施工外架条件的影响以及模板和支撑系统的采用；第九，构件设计综合考虑了装配化施工的安装调节和公差配合要求。

（2）项目实施能力

项目实施能力评价，主要包括装配式低层建筑在项目实施过程中应用的装配化施工组织与管理水平、装配化施工技术与工艺、装配化施工质量等，也包括技术在市场应用的灵活程度。专家在进行评价中，需要参考《装配式建筑评价标准》（GB/T 51129-2017）中对项目实施能力的规定。

评价要点主要为：第一，具备 EPC 工程总承包管理能力；第二，提供完整的施工组织方案；第三，按照装配化施工法开展工作；第四，提高机械化施工比例；第五，减少现场湿作业；第六，构件连接技术符合国家标准；第七，有效减少抹灰工序；第八，有效增加模具周转次数和使用便利性；第九，捆扎工序全部工厂化生产；第十，能够提供工程质量验收报告；第十一，工程资料齐全、翔实、可靠。

（3）标准化和模数化能力

装配式建筑模数化设计能力评价的工作包括（但不限于）按照国家标准《建筑模

---

① 魏子惠，苏义坤.工业化建筑建造评价标准体系的构建研究[J].山西建筑，2016，42（04）：234-236.

数协调标准》(GB/T 50002-2013)进行设计。具体而言,包括装配式建筑立面设计、构造节点设计、剪力墙住宅适应尺寸、集成式厨房尺寸、集成式卫生间尺寸、门窗的优选尺寸等。主要体现在该项技术体系使不同材料、不同形式和不同制造方法在工业化大规模生产中预制构件的标准性和互换性,主要评价各种构件生产企业在生产工艺设备的质量管理能力,构件生产过程中是否具有相应的技术标准、工艺流程和作业指导要求;构件生产具备完整的资料验收记录;构件符合装配式建筑生产和安装信息化技术导则的要求;达到国家现行的构件质量管理要求,可以借鉴《工业化建筑评价标准》对标准化和模数化评价内容为依据。

3. 技术创新力

主要是指对区域内从事装配式低层建筑项目实施中产业技术创新能力的评价,其中包括主体结构创新能力、外围护墙和内隔墙创新、装修和设备管线、建筑信息化 BIM 能力、创新提高水平五个指标。

借鉴《装配式建筑评价标准》中对技术创新能力的描述,技术评价应该具备以下几项,如表 3-2 所示。

第一,装配式建筑项目采用"设计—采购—施工"(EPC)总承包工程项目管理模式进行建设。

第二,装配式建筑工程设计、生产运输、施工安装全过程中采用以 BIM 为核心的信息化技术进行全过程控制。

第三,装配式建筑符合绿色建筑二星要求、符合绿色建筑三星要求。

第四,装配式建筑符合被动式能耗建筑节能要求。太阳能光伏、地源热泵、空气源热泵等可再生能源与装配式建筑一体化应用水平。

第五,装配式建筑中绿色建材应用比例达到 50% 以上。

表 3-2　装配式建筑评分表

| 评价项 | | 评价要求 | 评价分值 | 最低分值 |
|---|---|---|---|---|
| 主体构件 (50分) | 柱、支撑、承重墙、延性墙板等竖向构件 | 35% ≤比例≤ 80% | 20 ~ 30 | 20 |
| | 梁、板、楼梯、阳台、空调 | 70% ≤比例≤ 80% | 10 ~ 20 | |
| 围护墙和内隔墙 (20分) | 非承重围护墙非砌筑 | 比例≥ 80% | 5 | 10 |
| | 围护墙与保温、隔热、装饰一体化 | 50% ≤比例≤ 80% | 2 ~ 5 | |
| | 内隔墙非砌筑 | 比例≥ 50% | 5 | |
| | 内隔墙与管线、装修一体化 | 50% ≤比例≤ 80% | 2 ~ 5 | |

| 评价项 | | 评价要求 | 评价分值 | 最低分值 |
|---|---|---|---|---|
| 装修和设备管线<br>（30分） | 全装修 | - | 6 | 6 |
| | 干式工法楼面、地面 | 比例≥70% | 6 | - |
| | 集成厨房 | 70%≤比例≤90% | 3~6 | |
| | 集成卫生间 | 70%≤比例≤90% | 3~6 | |
| | 管线分离 | 75%≤比例≤70% | 4~6 | |

按照《装配式建筑评价标准》（GB/T 51129-2017）的要求，评价对象必须同时满足《装配式建筑评价标准》（GB/T 51129-2017）中对装配式建筑评价的最低要求，包括主体结构部分的评价分值不低于 20 分，采用全装修、装配率不低于 50%。

（1）主体结构创新能力

装配式建筑主体结构应采取措施保证结构的整体性。包括装配式建筑主体结构应该采取措施保障的整体性；装配式预制构件的配筋（接口）设计应便于工厂化生产和现场链接；主体结构设计、施工及部件生产应满足国家及区域地方标准规范要求。

具体评价依据可以参考《装配式建筑评价标准》（GB/T 51129-2017）中对主体结构创新能力的评价依据。

评价要点包括：第一，符合现在国家标准的装配式建筑体系均可按本标准评价，主要为装配式混凝土建筑、装配式钢结构、装配式木结构、装配式组合结构和装配式混合结构的建筑。第二，装配式混凝土建筑主体结构竖向构件按《装配式建筑评价标准》（GB/T 51129-2017）中第 4.0.2、4.0.3 条计算；基于目前国家标准推荐的装配整体式混凝土结构，充分考虑竖向预制构件间连接部分的后浇混凝土（预制墙板间水平竖向连接、框架梁柱节点区、预制柱间竖向连接区等）标准化施工要求，将预制构件与合理连接作为一个装配式整体。计入预制混凝土体积的主体结构竖向构件间连接部分的后浇混凝土规定按照《装配式建筑评价标准》（GB/T 51129-2017）第 4.0.3 条。第三，装配式钢结构、装配式木结构中主体结构竖向构件评分值可为 30 分。第四，装配式组合结构和装配式混合结构的建筑主体结构竖向构件可结合工程项目的实际情况，在预评价中进行确认。第五，水平构件中预制部品部件的应用比例的计算方法按照《装配式建筑评价标准》（GB/T 51129-2017）第 4.0.4、4.0.5 条。

（2）外围护墙和内隔墙创新

外围护墙和内隔墙的设计应符合模数化、标准化的要求，对外围护墙应满足建筑立面效果、制作工艺、运输及施工安装的要求；内隔墙设计、施工及部品部件生产应满足国家标准及重行业准规范要求。

对非承重外围护墙中非砌筑墙体的应用比例；内隔墙中非砌筑墙体的应用比例；外围护墙采用墙体与保温（隔热）一体化、墙体与装饰一体化、墙体与保温（隔热）装饰一体化的应用比例；内隔墙采用墙体与装修一体化、墙体与管线一体化、墙体与管线装修一体化的应用比例和计算规则，可以参考《装配式建筑评价标准》（GB/T 51129-2017）中对外围护墙和内隔墙创新中的规则。围护墙和内隔墙部分的计算方法详见《装配式建筑评价标准》（GB/T 51129-2017）中第4.0.6~4.0.9条的要求。

（3）装修和设备管线

《装配式建筑评价标准》（GB/T 51129-2017）中提到，设备与管线系统是指由给排水、供暖通风空调、电气和智能化、燃气等设备与管线组合而成，满足建筑使用功能的整体。

按照国家对装配式建筑发展规划的需要，装配式建筑的设备和管线设计应与建筑设计同步进行，避免在安装完成后的预制构件上剔槽沟槽、打洞开孔等。装配式建筑内装设计阶段对部品进行统一编号，在生产、安装阶段按编号实施。

装修设计、施工及部品生产应满足国家及地方标准规范要求。设备与管线设计、施工及部品生产应满足国家及地方标准规范要求。

评价要点包括：第一，装配式混凝土建筑的设备与管线宜采用集成化技术、标准化设计，当采用集成化新技术、新产品时应有可靠依据。竖向管线宜集中设于管道井中，且布置在现浇楼板处。第二，装配式混凝土建筑的设备与管线宜与管线与主体结构相分离，应方便维修更换且不影响主体结构安全。第三，装配式混凝土建筑的设备与管线宜在架空层或吊顶内设置。第四，装配式混凝土建筑的排水系统宜采用同层排水技术，当同层排水管道敷设在架空层时，宜设置排水设施。第五，建筑宜采用同层排水设计，并应结合房间净高、楼板跨度、设备管线等因素来确定降板方案。第六，装配式建筑的设备与管线应合理选型、准确定位。第七，公共管线、阀门、检查口、计量仪表、电表箱、配电箱、智能化配线箱等，应集中统一设置在公共区域。第八，设备管线应进行综合设计，减少平面交叉，竖向管线宜集中布置，并满足更换的要求。第九，预制构件上为管线，设备及吊挂配件预留的孔洞，沟槽宜选择对构件受力影响最小的部位，并应确保受力钢筋不受破坏。设计过程中设备专业应与建筑和结构专业密切沟通，防止遗漏，以避免后期对预制构件进行凿剥。第十，当受调价所限必须暗埋或穿越时，横向布置的设备及管线可结合建筑垫层进行设计，也可在预制墙、楼板内预留孔洞或套管；竖向布置的设备及管线须在预制墙、楼板中预留沟槽、孔洞或套管。第十一，预制构件的接缝，包括水平接缝和竖向接缝，是装配式结构的关键部位。为保证水平接缝和竖向接缝有足够的传递内力的能力，竖向电气管线不应设置在预制柱内，且不宜设置在预制剪力墙内。

当竖向电气管线设置在预制剪力墙或非承重预制墙板内时，应避开剪力墙的边缘构件范围，并应进行统一设计，将预留管线标识在预制墙板深化图上。在预制剪力墙中的竖向电气管线宜设置钢套管。

(4) 建筑信息化 BIM 能力

装配式低层建筑应该在工程设计、生产运输、施工安装过程中采用以 BIM 为核心的信息化技术进行全程控制，这也是当前建筑信息化中非常重要的评价要素。主要是评价 BIM 的应用能力，考察该项技术体系应用 BIM 底层技术的服务和应用能力，包括通过 BIM 技术 4D 施工过程模拟与方案优化水平，施工动态管理水平。施工安全与冲突分析水平，将工程管理与资源管理、质量安全管理、其他部门协同的管理水平。借鉴魏子惠、苏义坤从设计阶段、生产阶段、施工阶段分别构建的建筑可视化信息技术应用评价指标，本书对评价指标进行了设计。[①]

评价要点包括：第一，能够基于建筑信息模型技术对预制构件进行统一身份识别；第二，能够根据构件生产管理系统收集的生产数据，记录、追溯、管理构件的生产质量、生产进度；第三，能够结合建筑信息化和构件施工管理系统，结合统一身份认证，对施工过程进行精细化管理。

(5) 创新提高水平

主要评价其装配式建筑在利基创新战略上的应用水平，具有代表性的技术包括新型混合结构、新型连接技术、预应力预制技术、多用途预制构件生产、多户型变化、符合多用途模具应用、高精度安装工艺等。

评价要领包括：第一，采用减震、隔震技术的装配式结构体系或其他新型装配式混合结构体系。第二，主体结构连接节点采用干法连接、组合型连接或其他便于施工且受力合理的新型连接技术。第三，采用高效预应力预制构件。第四，住宅大空间可变房型设计体系的应用。第五，太阳能板、外遮阳与外围护构建一体化设计。第六，采用免拆模板体系或拆装快捷、重复利用率高的支撑、模板系统(应用比例不低于80%)。第七，采用安全可靠的轻型机械自爬式升降平台体系或无外架的外防护体系。第八，采用高效精度测控一体化安装工艺。第九，采用成型钢筋加工配送技术。第十，采用预拌砂浆技术。第十一，其他在管理模式、新体系、新技术、新材料、新工艺等方面的创新应用。

(三) 区域特性评价指标

区域特性评价指标是装配式低层建筑专有技术体系在环境和利基市场中的适应

---

① 魏子惠，苏义坤. 工业化建筑建造评价标准体系的构建研究 [J]. 山西建筑, 2016, 42 (04)：234-236.

性评价，主要是评价某项技术体系对资源与环境的适应能力和是否符合山地建筑对项目选址与规划要求。

1. 资源与环境适应能力

主要是评价某项装配式低层建筑技术体系在区域应用中就资源与环境的匹配程度，包括是否符合绿色建筑的发展趋势、是否达到室内空气质量评价标准、是否能够适应山地区域的交通状况、是否获得专项政策的扶持、是否有成熟的产业配套。

（1）室内空气质量控制

装配式建筑标准化设计、工厂化生产、机械化施工、信息化组织管理等特征与我国住宅建筑中倡导的"四节一环保"理念相吻合。要求在建造过程中，最大限度地做到节水、节材、节能、节地、保护环境的同时减少污染，这与绿色建筑全寿命周期的评价要求相吻合，在进行装配式建筑绿色度的评价中，需要借鉴绿色建筑的评价指标，将单体建筑室内空气质量控制，纳入装配式建筑绿色度的评价指标中。

按照《绿色建筑设计规范》第6章与《绿色建筑评价标准》第4.5、5.5条，及新修订的《绿色建筑评价标准》第8条，均对室内环境质量提出了相关控制要求，包括室内声环境、室内光环境、室内热环境以及室内空气质量，特别规定单体成品建筑必须符合《室内空气质量标准》的要求。

根据国家质量监督检验检疫局、生态环境部等发布的《室内空气质量标准》规定，室内空气中涉及的化学性污染物质不仅包括人们熟悉的甲醛、苯、氨、臭氧等污染物质，还有可吸入颗粒物、二氧化碳、二氧化硫等13项化学性污染物质，其中对人体健康威胁最大的物质主要为挥发性有机气体，如甲醛、苯类气体等（如表3-3所示）。

表3-3 室内污染气体资料来源：《室内空气质量标准》（GB/T18883-2002）

| 参数类别 | 参数 | 单位 | 标准值 | 备注 |
|---|---|---|---|---|
| 化学物质 | 甲醛 | mg/m³ | 0.08 | 1h平均值 |
| | 苯 | mg/m³ | 0.11 | 1h平均值 |
| | 甲苯 | mg/m³ | 0.2 | 1h平均值 |
| | 二甲苯 | mg/m³ | 0.2 | 1h平均值 |
| | 总挥发性有机物 | mg/m³ | 0.6 | 8h平均值 |

室内空气中的挥发性有机气体主要来源于建筑装饰材料、家具、各种黏合剂、涂料、合成纺织品等。开展空气质量评价的主要难度包括：第一，气体浓度极低，目前检测设备灵敏度难以达到实际使用要求。第二，有机气体的释放是一个逐渐的

过程，缺乏快速有效的监测方法。

由于装配式建筑在结构焊接、部品脱模剂、预制构件链接剂、复合夹心墙板黏接剂过程中，不可避免会用到种类繁多的化学产品等，如氧化铁、氧化锰、二氧化硅、硅酸盐等，并将随预制建筑部品构件带入建造环节，给单体成品建筑环境空气带来污染。单体成品建筑的装饰材料会在建成后很长一段时间挥散有毒物质，而且这个过程一直延续。如何评价单体成品建筑是否达到《室内空气质量标准》，需要借鉴材料工程、信息科学、装备制造方面的支撑，才能提供有效的评价数据。本书针对建筑室内空气品质问题开展了一系列研究，对现有室内空气品质的质量标准进行比较分析。

针对甲醛气体材料，本书研究者选取了目前最为普遍应用的半导体材料超晶格（$SnO_2$）作为敏感材料。采用了静电纺丝法，通过调整工艺，制备了具有多孔中空的纳米 $SnO_2$ 纤维。首先，静电纺丝法操作简单、经济实用，是有利于工业生产材料的一种有效方法。其次，所设计的纳米纤维由于是多孔真空结构，有利于气体的扩散及与材料表面进行反应，因此，在极低气体浓度下，亦可产生敏感信号。本书研究者对此材料制备了气敏器件。该器件为平面式的传感元件，又指电极作为测试电极有利于电信号的探测。敏感材料直接在基片上沉积获得材料与电极组成的一体化器件，避免了从材料制备到与器件组装造成的元件上的机械误差。测试装置为北京艾力特公司生产的 CGS-8TP 测试平台，平台利用双探针进行电信号的读取，底座可控制元件的工作温度，并且带有静态配气系统，与气瓶相连接，可将有机气体稀释至 $0.01mg/m^3$。

评价要点包括：第一，具备室内空气净化器和空气换气装置；第二，主要建筑材料符合绿色建材的使用标准；第三，成品建筑达到《民用建筑工程室内环境污染控制规范》（GB 50325-2001）（I 类）建筑标准；第四，构配件生产中能够节约材料并使用"蕴能量"的材料，在围护结构中利用可再生资源；第五，生产过程中有效降低 $CO_2$、$SO_2$ 排放量并降低粉尘污染；第六，能够有效降低日照引起的温室效应，提升室内采光和通风水平。

（2）交通运输保障能力

交通运输保障能力是针对交通环境对构件的影响而设计的。装配式低层建筑中预制构件的质量应符合现行国家、行业和山地区域有关标准的规定，并具备相关的质量证明文件，在预制构件的堆放、运输过程中应采用有效的产品保护措施。参照《装配式建筑评价标准》（GB/T 51129-2017）对预制构件运输管理评分的规则，对不同装配式低层建筑技术实施方案应用的影响，包括对预制构件的运输、码放、装车、下车、吊装的工作可以进行语言评价。

评价要点包括：第一，预制构件生产前编制有预制构件专项生产方案，包括生产计划及生产工艺、模具计划及组装方案、机具物流管理计划等；第二，预制构件生产企业具备相应的生产工艺、设施完善的质量管理体系，且预制构件具有完整的质量控制及验收经验；第三，预制构件生产企业具备专业化的生产工人队伍，并建立员工培训和考核制度；第四，制定并按照相应的技术标准、工艺流程和作业指导要求进行预制构件生产活动；第五，参评项目监理方驻场建立构件生产过程，具有完整的质量验收记录；第六，工厂生产构件标注构件编号、制作日期、合格状态、生产单位等信息，并具有出厂检验报告、进场验收记录；第七，采用组合模板，模板具有较强的整体稳定性，且便于安装及周转使用；第八，采用全自动化流水线进行构件生产；第九，钢筋网片、钢筋和架等采用专用设备加工制作；第十，采用信息化系统，实现对构件的跟踪管理；第十一，预制构件采用再生骨料、粉煤灰等可循环利用材料；第十二，制定并按照运输组织设计的要求进行预制构件运输活动，内容包括专项吊装方案、运输时间、次序、线路、固定措施、堆放支垫及成品保护措施等；第十三，对于尺寸较大、形状特殊的预制构件的运输和堆放有专门的质量安全保证措施；第十四，在预制构件运输及堆放时，采用标准化支垫，且构件支垫具备足够的承载力和刚度；第十五，预制外墙板饰面砖、石材、涂刷表面采用贴膜等保护措施；第十六，预制构件暴露在空气中的预埋铁件涂抹防锈漆；第十七，预埋防水采用定型保护垫块或专用式套件加强保护；第十八，预制楼梯踏步口采用包角保护或其他覆盖形式；第十九，预埋螺栓孔采用海绵棒等材料进行填塞；第二十，合理运输组织方案，内容包括运输时间、次序、运输线路、固定要求、堆放支垫及成品保护措施，且减少二次倒运和现场堆放；第二十一，构件运输和临时存放过程中具有专门的质量安全保证措施，对于尺寸较大、形状特殊的大型预制构件的运输和存放措施具体、明确；第二十二，构件运输进场具有交接验收记录。

（3）产业配套成熟度

装配式建筑相关产业配套成熟度是指在范围内，围绕装配式低层建筑的相关企业，在生产、经营、销售过程中同具有内在经济联系的上游和下游的相关产业、产品、人力资源、技术资源、消费市场主体的关联性。评价要点包括：第一，同一技术体系下具备足够多的装配式构配件生产企业；第二，装配式构配件生产企业的产能足够配套服务半径内的项目；第三，具备足够多的装配式低层建筑示范项目；第四，同一技术体系下装配式低层建筑项目开工面积足够多；第五，具备 EPC 工程总承包能力的装配式建筑项目企业资质；第六，具备足够的装配式建筑设计人才、项目实施人才、运营管理人才；第七，在原材料采购成本和资源供给方面具备优势，包括钢材、水泥、木材、保温材料、防水涂料、轻质墙板、环保隔音材料等；第八，装配式建筑部品、部件加工材料的配套，包括螺栓、彩板、镀锌板、硅酸钙板、防腐材料、保温材料、防水材料、隔音材料、装饰材料、家居装饰材料等相关企业。

（4）专项政策扶持力度

主要是评价装配式低层建筑该技术体系获得政策资金扶持、科研项目立项，包括对行政主管部门（地方建委、农委、科委、经信委等）政策经费的申报能力，如Q市对建筑产业化部品部件仓储、加工、配送一体化服务企业，对符合西部大开发税收优惠政策的，依法按减15%税率缴纳企业所得税；Q市提出对混凝土构件在材料管理、生产管理、工厂监造、备案管理方面有可查实的质量监控文件和质量证明文件的，可免除结构构件性能进场检测等政策扶持。[①]

按照政策性扶持的归类，本书将评价要点总结为：第一，符合土地政策，将装配式建筑要求纳入土地出让条件，优先保障用地，对享受土地政策后未达到规定要求的企业进行惩罚；第二，符合规划政策，外墙预制部分不计入建筑面积，给予差异化容积率的奖励；第三，符合财政政策，利用原有专项资金政策，扩大使用范围，资金支持相关性研究工作；第四，符合税收政策，对装配式建筑企业按照15%的税率缴纳企业所得税，部品部件生产和施工环节分别核算税收，纳入西部大开发税收优惠范围；第五，符合金融政策，对符合住宅产业化发展政策的项目实行优惠政策，贷款贴息、财政补贴扶持，对消费者增加贷款额度和贷款期限；第六，符合建设环境政策，优先返还或缓缴墙改基金、散装水泥基金，投标政策倾斜，提前办理《房地产预售许可证》，纳入行政审批开辟绿色通道，对预制构配件免除结构件性能进场检测，对工程预制和装配式技术优先给予科技成果奖励，对运输超宽、超大部品部件运载车辆，在运输、交通等方面给予支持。

2. 区域建筑设计规划

山地城镇建筑设计规划应符合以下原则：应坚持城乡统筹、合理布局、节约土地、集约发展和先规划后建设的原则；坚持以城镇总体规划、林地保护规划及生态建设为前提；坚持地域文化与现代技术相结合，山地自然景观与人文景观相结合；坚持项目规划与控制性详规及其他专业规划相互衔接、补充和完善。

同样，作为装配式低层建筑的项目设计规划，需要满足：第一，项目建设用地选址应以城镇总体规划、土地利用总体规划、林地保护利用规划为前提，协调好建设用地与基本农田、林地保护界线等相关规划之间的关系。第二，建设用地选址应避开区域内的冲沟、滑坡、泥石流等地质灾害易发地段及地质条件不适合建设的用地。对可能存在地质灾害隐患的区域，在选址阶段应进行地质勘察和编制地质灾害

---

① 岑岩，刘美霞. 装配式建筑经济政策评估与建议[J]. 住宅产业，2016（09）：24-33.

防治专项规划。第三,建设项目选址应结合气候、水文、地质、植被条件、地貌特征(高程、坡度、坡向)进行前期场地适应性分析。第四,项目选址应结合城镇现有基础设施、区域交通等条件进行,遵循"节能、节地、节约投资"的原则。项目宜充分利用城镇现有的道路交通设施、市政基础设施。第五,山地建设应综合考虑经济建设、生态保护、灾害防治、地域文化、资源、交通、特色景观风貌营建等因素。

(1)项目场地设计

借鉴山地区域建筑设计规范的要求,装配式低层建筑的场地设计,应该在建设用地、建筑布局、功能分区、交通组织、消费渠道、竖向设计、隐蔽工程、景观绿化方面做出因地制宜的调整。

评价要点包括:第一,项目规划建设必须满足城市(镇)"总体规划"和"控制性详细规划"中关于用地类型、开发强度、公共设施配套建设等相关要求和技术控制性指标。第二,山地片区道路系统规划应先行,统筹山地片区道路系统布局和建设,为项目内部道路系统规划和市政管线规划提供条件。项目内部道路设计宜采用高密度、低等级的道路系统,能满足日常使用及消防扑救要求。第三,山地建设项目应依山就势进行布局,保留已有山形脉络、山水格局等生态特征,结合景观视廊、制高点、俯瞰点、地标建筑物,控制区域天际轮廓线。第四,项目片区应按照上位规划、国家相关规范配建相应的教育、医疗、商业等公共服务设施。配建公共服务设施的数量和规模按照服务人口规模进行测算,服务半径可适当大于国家标准,但不宜超过国家标准的50%。第五,综合分析区域气候、通风、降水等条件,利用地形朝向合理组织场地通风,为城镇居民创造舒适的生活环境。第六,山地建设项目排水系统规划需从实际出发,结合山地防洪、排涝的需要,统一进行规划设计。在建设用地外围,合理设置截洪沟。第七,在已有传统地域文化特征的区域内,规划建设应尊重当地的文化传统,项目规划应有机融入其空间特征及建筑地域文化中。第八,项目规划在满足消防、日照、采光、通风等要求的同时,也应集约利用土地。

(2)项目建筑设计水平

装配式低层建筑的建筑设计,在满足规模化、工业化生产与装配式建造的基础上,还应该处理好建筑、山体景观、植物三者之间的关系。

1)在标准化设计方面:山地区域装配式低层建筑的设计应该符合《装配式住宅建筑设计标准》(JGJ/T 398-2017),从安全性能、适用性能、耐久性能、环境性能、经济性能等方面符合国家现行标准的相关规定。第一,在建筑方案设计阶段就需要进行整体式策划,对技术选型、技术经济可行性和可建造性方面进行评估,科学合理地确定建造目标与技术实施方案。第二,装配式建筑设计宜采用住宅建筑通用体系,以集成化建造为目标,实现部品部件的通用化、设备和管线的规格化。并对建筑结构和建筑内装体的一体化提出设计要求，其一体化技术集成应包括建筑结构体的系统及技术集成、建筑内装体的系统及技术集成、围护结构的系统及技术集成、设备及管线的系统及技术集成。第三，在建筑设计中应满足标准化与多样化的要求，以少规格多组合的原则进行设计，包括对建造集成体系通用化、建筑参数模数化和规格化、套型标准化和系列化、部品部件定型化和通用化。第四，在设计中应遵循模数协调原则，并符合现行国家标准《建筑模数协调标准》（GB/T 50002-2013）的有关规定。第五，建筑设计除应该满足建筑结构体的耐久性要求，还应满足建筑内装体的可变性和适应性要求。第六，装配式建筑设计结构体系类型及部品部件种类选择时，应综合考虑使用功能、生产、施工、运输和经济性等因素。第七，部品部件应满足通用性、安全可靠性、互换性、易于维修的要求。第八，建筑设计应满足部件生产、运输、存放、吊装施工等生产与施工组织设计的要求。第九，装配式建筑应满足建筑全寿命周期要求，应采用节能环保的新技术、新工艺、新材料和新设备。

2）在适宜性设计方面：要充分利用和保留现有的地形、地貌、植被，依山形、高程进行设计，创造高低起伏、错落有致、具有地域自然特色的建筑，满足国家及地方规范、规程、标准的相关要求，并处理好建筑与总图、结构、水、暖、电等专业的关系，以达到建筑的安全、经济、实用与美观要求。

具体评价要点包括：第一，依山就势，化整为零，大体量建筑可分为若干单元，不同单元布置在不同标高，单元之间有高差，单元内部也可采用不同标高。第二，建筑单体在基地坡度小于15%时宜平行等高线布置；当基地坡度大于15%小于25%时可采用平行、斜交、垂直等高线布置方式；当基地坡度大于25%时，宜采用垂直、斜交等高线布置方式。第三，单体建筑应尽量减小基底面积，在满足功能、经济的条件下，宜优先采用点式建筑、薄板式建筑等占地较小的建筑形式。第四，当单体建筑在平行等高线布置时，应尽量减小建筑进深，避免大量填挖山体。第五，采用吊脚、错台、吊层、错层等不同接地方式，适应不同坡度、地形的要求，建筑应根据功能要求，依地形设置建筑物出入口，可采用单侧分层、双侧分层出入口，以及利用室外楼梯、踏步、天桥等多种出入口方式。第六，山地居住建筑出入口、楼梯等辅助用房及设施，为北向坡时，宜选择布置在北向；为东、南、西南向坡时，宜选择布置在北向或靠山体一侧。第七，山地建筑应注意第五立面的设计，当有太阳能板等设施时，宜与建筑一体化设计。第八，山地建筑的吊层，当其一个防火分区的周边临空长度超过该防火分区周长的一半时，该防火分区可视为地上建筑。

3）在建筑评价过程中，还可参考以下标准和要求：

第一，在平面与空间设计中，装配式建筑形体及其部件的布置应规定，并应符合现行国家标准《建筑抗震设计规范》（GB 50011-2010）的规定。第二，厨房空间尺寸应符合国家现行标准《住宅厨房及相关设备基本参数》(GB/T 11228-2008)和《住宅厨房模数协调标准》(JGJ/T 262-2012)的规定。第三,卫生间空间尺寸应符合国家现行标准《住宅卫生间功能及尺寸系列》(GB/T 11977-2008)和《住宅卫生间模数协调标准》(JGJ/T 263-2012)的规定。第四,在建筑结构体方面,装配式建筑设计应确定建筑结构体的装配率,并应符合现行国家标准《装配式建筑评价标准》(GB/T 51129-2017)的相关规定。第五,装配式混凝土结构建筑设计应确保结构规则性,并应符合现行行业标准《装配式混凝土结构技术规程》(JGJ 1-2014)的相关规定。第六,主体部件设计方面,装配式混凝土结构的楼板应采用叠合楼板,其结构整体性应符合现行行业标准《装配式混凝土结构技术规程》(JGJ 1-2014)的相关规定。第七,在建筑内装体方面,应合理确定建筑内装体的装配率,装配率应符合现行国家标准《装配式建筑评价标准》(GB/T 51129-2017)的相关规定。第八,内装部品、材料和施工的住宅室内污染物限值应符合国家标准《住宅设计规范》(GB 50096-2011)的相关规定。第九,排水设计应符合现行行业标准《建筑同层排水工程技术规程》(CJJ 232-2016)的有关规定。电器设备应采用安全节能的产品,公共区域的照明应设置自控系统。电气系统和计量管理应符合现行业标准《住宅建筑电气设计规范》(JGJ 242-2011)的要求。

(3)项目消防设计水平

装配式低层建筑的消防设计水平评价,包括耐火等级、安全出口、室外疏散及屋面、消防电梯均应该符合山地建筑对消防设计的规范要求,为消防设施提供必要的外部环境。专家在评价过程中,可以参考山地区域建筑设计规范中关于消防设计的评价要求。

另外,评价依据还包括:第一,装配式木结构建筑的防火设计应符合《建筑设计防火规范》(GB 50016-2014)(2018年版)中第11章的规定。第二,平板状建筑材料、铺地材料、管状绝热材料应符合《建筑材料及制品燃烧性能分级》(GB 8624-2012)第5章关于建筑材料的要求。第三,建筑材料需要符合《建筑材料可燃性试验方法》(GB/T 8626-2007)和《建筑材料或制品的单体燃烧试验》(GB/T 20284-2006)的要求。第四,《建筑内部装修设计防火规范》(GB 50222-1995)。第五,《火灾自动报警系统施工及验收规范》(GB 50166-2007)。第六,《二氧化碳灭火系统设计规范》(GB 50193-93)(2010版)。第七,《自动喷水灭火系统设计规范》(GB 50084-2001)。第八,《建筑灭火器配置设计规范》(GB 50140-2005)。第九,《村镇建筑设计防火规范》(GBJ 39-90)。第十,《纸面石膏板》(GB/T 9775-2008)。

(4)项目结构设计水平

该项目主要是评价不同体系装配式低层建筑技术在复杂地形条件下的适应力,

包括抗震设计、接地技术、接水技术、隐蔽工程的大小等。

装配式低层建筑的结构设计应该符合现行国家标准《建筑工程抗震设防分类标准》（GB 50223-2008）要求，进行地震作用计算，当面临抗震设防烈度为八九度的区域，应满足《建筑抗震设计规范》（GB 50011-2010）第3.5.1条和第12.1.3条的规定要求，采用减隔震技术。

具体评价要点包括：第一，主体建筑宜设置在较好的地基上，使地基条件与上部结构的要求相适应；第二，当房屋建在半填半挖或不同土层上时，不宜把挡土墙作为建筑自身结构构件的一部分；第三，山地建筑场地勘察应有边坡稳定性评价和防治方案建议；第四，边坡设计应符合现行国家标准《建筑边坡工程技术规范》（GB 50330-2013）的要求；第五，临近边坡、陡坎上的建筑基础应进行抗震稳定性设计；第六，应结合其使用功能要求、场地特性等，尽量减少或避免出现分层退台、吊脚等结构形式；第七，应根据其不同的结构形式、接地形式、复杂程度等，合理选择符合结构实际工作状态的力学模型；第八，不利地段建造的丙类及丙类以上山地建筑，除保证其在地震作用下的稳定性外，尚应考虑不利地段对设计地震动参数可能产生的放大作用；第九，结合分层退台结构、吊脚结构等结构形式的特殊性，应对其整体抗倾覆能力进行验算，并对其方法进行专门研究；第十，分层退台结构的退台处，部分构件嵌固造成结构扭转效应明显，在考虑偶然偏心影响的规定水平地震力作用下，应严格控制楼层竖向构件最大的水平位移和层间位移与楼层平均位移的比值，不宜大于1.2，不应大于1.3；第十一，分层退台的框架结构，由于其计算嵌固端不在同一平面，柱脚内力应根据实际嵌固位置进行有针对性的调整；第十二，吊脚结构尚应采取措施保证吊脚构件的延性，对出现的短柱需要特殊处理；第十三，体型复杂、平立面不规则的山地建筑，应根据其不规则程度采取有效强化措施，提高其抗震性能，必要时采用相应的抗震性能化设计方法。

另外，专家在进行评价时，还需要参考《建筑结构荷载规范》（GB 50009-2001）、《建筑结构可靠度设计统一标准》（GB 50068-2001）（2006版）、《工程结构可靠性设计统一标准》（GB 50153-2008）。

（5）项目设备设施设计水平

项目设备设施水平评价，是对装配式低层建筑在山地区域使用外部环境的补充，用于解决供水、供电、供暖方面的需求。

按照山地区域城镇建筑设计规范的要求，山地建筑的供排水系统应按照建筑物的使用性质、城镇发展规划及当地的供排水条件合理设计。

建筑给水应充分利用市政管网压力，直接供水。无法直接供水的，应合理确定提升泵房的位置及高程，降低能耗；建筑的给水系统应根据地形高差、建筑高度、建筑使用要求、材料设备性能、维护管理、节约供水、能耗等因素，合理确定竖向供水分区；生活用水调节构筑物及二次加压供水设施不得建设在地质危险区域，且应做好卫生防护措施；二次供水设施的设置应符合供水竖向分区的要求，每个分区宜采用环状管网供水。排水管道的布置应充分利用地形坡度，合理减小排水管管径。在大坡度区域应采用消能措施降低流速，防止管道被冲刷损坏。

结合装配式低层建筑的使用环境，具体的评价要点包括：第一，装配式低层建筑项目的防洪设计标准是否与当地城镇防洪标准相一致。第二，装配式低层建筑是否具备雨水利用、再生水处理及回用设施。第三，关于装配式低层建筑的生活热水供应，是否可以根据项目所在地的气候和自然条件优先采用新能源系统。第四，装配式低层建筑的集成厨房、集成卫生间排风、排气设施是否达到《饮食业油烟排放标准》（GB 18483-2001）。第五，装配式低层建筑的防火分区是否符合《山地城镇建筑设计导则》第5章规定，设置机械排烟系统。第六，装配式低层建筑是否集成了空调系统，预留了安装空调设备的位置和条件。第七，是否结合能源政策、能源结构及环保等要求设计采暖系统。第八，供配电系统应按照建筑的负荷性质，用电容量、发展规划以及当地供电条件合理设计，道路、庭院照明灯具的风格应与建筑景观和室外环境相协调。第九，在高海拔地区，应具备避雷设施。

（6）山地建筑工程技术与自然生态保护

工程技术是指具备绿化技术、水文组织、挡土墙及护坡和自然生态修复等工程技术措施；能够充分利用建筑周围、广场、道路、排水渠、水体驳岸、边坡、挡土墙等区域，形成绿化用地的具体措施。装配式低层建筑应该作为整个项目的组成部分进行规划与设计，从水土保持，防止地灾、水灾，保证建筑的安全，保持山地区域的自然生态总体平衡方面展开评价。

具体评价要点包括：第一，能否在建筑环境中采取多种绿植种植方式，加强对绿化植物的选择与控制，以适应当地土壤、气候条件，防止病虫害，保护原生植物的多样性。第二，能否采取适宜的水文组织（自然排水系统和人工排水系统）系统对山地环境各种径流、集流进行有效的控制。做到水土平衡、保障山地建筑场地的稳定性，提供与绿化技术、水文组织、挡土墙及护坡、自然生态修复等内容相关的环境评价工程设计文件。

## 四、赋权专家遴选及权重

实践证明，技术选择需要按照选择主体对在装配式低层建筑产业技术决策、管理、学术的水平，平衡好广泛性和代表性问题，结合技术评价的指标体系，有助于把握装配式低层建筑技术选择的规律，为技术选择提供有益的参考依据。具体来说，技术选择的主体应该来自装配式建筑产业链各个环节的实施主体，包括行政主管部门的专家和项目实施层面的专家。

本书认为，装配式低层建筑技术选择应该体现行政管理部门和项目实施主体两个层面的诉求，符合国家对装配式建筑产业发展的政策引导，符合企业在利基市场中的竞争策略。因此，本书在建立装配式低层建筑技术选择的评价指标体系时，将短期市场行为和长期产业发展结合起来。

指标赋权的首要工作是遴选赋权专家团队，依据装配式低层建筑技术评价指标体系的特点，参与指标赋权的专家组成应遵循多层次、多学科以及内外结合的基本原则。

### (一) 多层次

多层次是指参与指标赋权的专家，既应有来自行政管理部门的，也应包括来自企业决策层面的。其中来自行政管理部门的应该是制定装配式建筑评价标准、制定装配式建筑产业政策、撰写装配式建筑产业规范的专家等。来自企业决策层面的应该是服务企业战略决策的高层领导、服务企业技术创新的技术总工、进行项目实施的具体执行专家等。

### (二) 多学科

多学科是指构成参与指标赋权的专家应该具备不同学科背景的专业知识。不仅要对装配式建筑产业技术特别了解，也需要对技术经济、人文艺术、企业决策管理特别熟悉。

### (三) 内外结合

内外结合是指指标赋权时，不仅有来自装配式建筑项目的专家，而且应吸收来自信息工程、管理工程、创新战略等方面的专家参与。

总体上，遴选指标赋权专家的目的是让评价指标体系更加公正、合理，既要体现国家在装配式建筑产业方面的产业引领作用，强调国家标准、行业标准、技术规范的重要性；又要体现专有技术体系在装配式低层建筑利基市场中的灵活性。

## 五、层次分析法的指标赋权计算

权重是以某种数量形式对比、权衡被评价事物总体中各因素相对重要程度的量值。学者曹卫兵曾根据计算权重时原始数据的来源不同，将其分为主观赋权法、客观赋权法和组合赋权法三类。

考虑到装配式低层建筑技术体系发展尚不平衡，实际数据积累不足，再加之时间范围较窄，指标的权重与其在评价指标体系中的自身价值以及评价者对该指标重要性的理解程度有关，本书就技术评价指标的权重确定暂且采用德尔菲法主观赋权。

另外，关于层次分析法（AHP），一般用于指标体系较为复杂、数据不足且存在定量与定性指标共存的情况。其权重分析方法步骤为：第一，确定层次结构的模型；第二，构造判断矩阵，进行层次单排序及一致性检验，最后得出层次总排序和相关权重，最终分析是一个定量分析的结果。

本小节涉及主观指标与客观指标均较多，如技术应用范畴、区域政策支持力度、资源与生态环境、方案设计能力、方案实施能力、标准化与模数化水平等定性指标；预制率水平、装配率水平、技术参数的领先性、主体结构创新、装修设备管线应用等可量化指标。

根据对上述权重方法的分析，综合本小节对指标体系多元化、多维度、定性和定量相结合的具体要求，将采取层次分析法进行指标体系权重分析及评价。应用层次分析法构建装配式低层建筑指标体系的步骤如下：

（1）构造装配式低层建筑指标体系

装配式低层建筑指标体系依照层次分析法分析可分为目标层、准则层、因子层和指标层。

（2）构造判断矩阵及一致性检验

判断矩阵能够实现定性与定量的结合，是 AHP 法中解决问题的核心。通过引入标度值对每一层级之间各子要素相对于母要素的重要性进行判断，构成判断矩阵。[①]

## 第二节　装配式低层建筑技术评价及选择

### 一、技术评价要素

装配式低层建筑技术评价是建立在区域产业潜力的基础上，结合项目实施方案的项目决策分析。核心任务是分析项目建设的必要性，推荐满足市场需求的装配式低层建筑产品和施工技术；分析项目建设的可行性，研究项目运营和发展的必要条件；在不同技术体系之间进行系统性比较，为建筑咨询推荐先进、可靠和适用的技术。技术评价能够为项目建设和运营投资提供参考，讨论项目的盈利能力和偿付能

① 马小阁.指数标度中 q 的取值对 AHP 应用结果的影响 [J].湖南工业大学学报，2006，20(02)：17-21.

力；从经济、社会、资源和环境影响的角度分析项目建设和运营产生的外部影响，并对影响装配式低层建筑技术推广的因素进行分析和评估。通过技术评价降低项目建设和运营风险，提高项目目标的可能实现程度、项目的可行性；对项目建设和运营相关问题及应采取的措施提出必要的建议；基于评价目标、评价水平、评价过程等要素，在系统决策的基础上，集中企业优势资源，扩大技术应用范围，进行装配式低层建筑的专有技术储备。

(一) 技术评价目标

技术评价的总体目标应该是结合产业特性，立足于区域人居环境建设和企业项目实施的战略需求，跟踪、分析与评价国内外装配式低层建筑的前沿技术，选择那些能够符合企业战略发展、符合市场经济规律的关键技术和共性技术，这对装配式建筑技术在离散型市场中的实施有指导性作用。

技术评价的首要目标是从战略角度考虑哪些技术应该列为重点研发的内容，包括该技术与企业现行的战略和长期计划是否一致，能否承担应为技术评价错误给技术研发造成的风险，是否满足企业对技术研发周期的要求。

其次是指评价对象有较好的市场前景，和产业趋势相符合，能够在新产品预计的寿命周期内依托技术创新实现销售目标。

最后，评价对象应该与区域内的社会价值观念、消费倾向相符。例如，随着装配式建筑设计，除对居住性能的提升，还需要在建筑的设计、材料、工艺等方面进行革新，适应区域环境、法律、政策、传统文化等因素。

综合上面的因素，评价目标应基本满足经济合理、技术进步、环境友好三个方面的需求。

经济合理主要是指成本控制良好、投资回报率高、商业应用灵活；技术进步主要包括结构选型合理、产品适应面宽、技术配套成熟、技术标准完善；环境友好主要包括外部区域政策扶持力度大、符合山地人居环境理念、资源环境契合度高，绿色环保并带动产业发展。

(二) 技术评价中的博弈

本书所说的装配式低层建筑的技术评价指标体系，着眼于研究企业层面对装配式低层建筑项目的技术评价，并以此展开建构。在此之前，有必要借鉴与装配式建筑评价标准和与装配式建筑相关的标准和规范，参考建设单位提供的技术资料，并总结相关行政主管部门的管理要求和政策法规。

由于评价专家构成和关注层面不同，在评价过程中存在博弈。技术评价中产生博弈对研究现阶段装配式建筑专有技术体系在特殊区域项目的发展相关，这是项目风险控制和管理决策机制中的重要研究内容。

评价博弈不仅需要从技术进步、技术应用、技术成熟度和技术创新性方面展开，同时也要考虑企业竞争战略和特征。如前所述，技术评价的主体包括政策主管部门和项目实施主体。事实证明，评价主体在评价指标体系的选择方面存在利益博弈，这种博弈关系会在具体的技术选型中展现出来，企业内部受自身资源禀赋影响的技术选型中也存在博弈，专有技术体系能够最终服务于人居环境建设是技术选择成功的最终表现。

由于影响装配式低层建筑技术选择的影响因素较多，情况很复杂，抓住重点，做出如下假设：技术选型与企业竞争策略相一致、技术选型与产业技术共性评价标准相一致、技术选型与人居环境建设相一致。

在装配式低层建筑技术选择的过程中，包括常见的四类装配式低层建筑技术体系，策略目标是在技术、经济、产业中达到一个平衡点。但并不排除其他符合装配式低层建筑技术定义和适应城镇建设的低层建筑技术体系。

因此，企业竞争策略上应该有三种策略方案：第一，追求单纯的经济效益，将竞争性综合成本控制降到最低；第二，增加技术投资，增强该技术体系的产品竞争力；第三，商业模式创新，寻找利基市场。

产业共性方面应该有四种策略方案：第一，技术选型符合装配式建筑产业技术发展的方向；第二，技术选型能够体现装配式建筑技术的先进性；第三，技术选型能够具备一定的技术成熟度；第四，技术选型能够体现一定的技术创新力。

区域特性对技术选型有三种策略：一是技术选型符合区域经济发展的实际能力；二是技术选型符合山地人居环境的方向；三是技术选型符合资源与环境保护的要求。

需要注意的是，选择主体对企业战略、产业共性、区域特性在技术选型的博弈中地位不同。企业专家肯定会将企业战略的地位放得更高，行政管理专家肯定强调评价标准在产业共性中的执行力度，消费主体不会关心技术本身，而是强调美观、舒适、易用等特性，将适合自身需求的技术特性放在技术选择的首要位置上。当然，任何技术选型都必须首先符合产业共性对装配式建筑评价标准的基本规定，行政主管部门通过制定评价标准来引导产业技术的发展方向和进程，但做到哪种程度，还需要向市场和环境妥协，而不能单纯追求预制率、装配率等技术指标。其次是符合人居环境建设的需要，从建筑设计和资源环境相协调，不能千篇一律，缺乏多样性；最后是能够符合产业技术发展的基本经济规律，在技术经济、政策应用和资源整合基础上做好离散型项目的具体实施。

这在建立评价指标体系和指标赋权的时候，就已将博弈的因素考虑进去，所以在做调查问卷和层次分析法的时候就将平衡点作为考核评价指标体系的重要因素进行了论述。

通过技术评价的结果分析，在产业技术发展初期，造价成本高，技术选型少，设计规划欠缺，终端消费市场对于技术适用性缺乏信任，传统建筑技术的路径依赖强烈。评价标准需要根据应用场景做适当的调整，增加决策因素，调整评价分值，才能得到更多评价主体的响应。

这里需要指出的是，为了便于分析，本书划分为企业战略、产业共性和区域特性三个维度，包含与发展装配式建筑产业相关主体的技术选择，包括对产业共性与项目个性之间的博弈，但项目实施层面对不同装配式建造体系之间的博弈选择，关系到企业技术储备的方向，本书将应用层次分析法对指标体系的权重进行归集，将决策者重要性语言变量转换为综合模糊评价数，用熵权法确定评价指标权重，通过本书设计的多准则妥协解排序法在实证环节中对常见的四类装配式低层建筑技术进行评价，确定其群体效用值、个体遗憾值和折中评价值，在技术选择中优中选优，为企业的技术方案管理部门提供决策参考。

### (三) 技术评价流程

在前文的研究基础上，本书设计了装配式低层建筑技术评价的基本流程。

第一，确定本书技术评价的主体层面，通过前文研究，评价是在评价指标体系建立的基础上，结合专家意见和相应的标准规范，进行前期项目决策。

第二，技术评价主要是指标体系的搭建，针对装配式低层建筑的产业共性、区域特性、企业战略进行指标搭建。首先，在前期需求调研的基础上，企业战略主要包括企业经济效益、企业技术策略和企业商业模式方面，以形成影响企业战略评价的指标体系。其次，在装配式建筑行业共性的评价指标方面，主要包括技术进步、技术应用、技术成熟度和技术创新力。最后，分析和评价经济和环境的影响，区域社会环境的影响以及影响技术选择西南山区的区域生态环境的影响。

第三，对搭建装配式低层建筑技术评价理论模型，按照阶梯层次结构设计技术评价的实施步骤。

第四，对装配式低层建筑发展进行评价，获得技术评价的结果，获得宏观产业层面技术评价和技术选择的依据。

第五，参考技术评价指标体系的目标层、准则层、因子层和指标层，作为企业层面技术选择的依据，通过综合模糊评价矩阵获得决策评价值。从企业项目实施技术方案中选择符合装配式低层建筑中技术供需关系和产业潜力的技术体系，进行数据敏感性分析，来验证本书所研究内容的科学性和稳定性。

## 二、评价专家遴选及权重

由于装配式低层建筑利基市场的竞争，增加了技术评价的复杂性，并缩短了技术生命周期，产品形态越来越复杂，涉及的技术领域越来越多。只有跨学科的技术专家团队，才能平衡好技术评价中多目标、多准则的问题。

遴选评价专家，目标是提高评价质量、促进结果应用、强化决策功能，扩展评价对象有利于发挥产业潜力和优化产业资源。

专家既有可能是政府行政主管部门，也有可能是由政府委托的第三方机构和独立专家团队，但无论评价实施的专家如何变化，服务主要对象都是管理部门，产业共性的评价目标和原则不会因为评价专家的组成不同而变化。所以，行政管理部门的专家不能缺席。

另外，企业作为技术创新的主体，需要根据利基创新战略进行技术储备，参与技术评价的目标是能够获取商业价值，评价专家和评价对象需要的应该是切实可行的评价机制，要客观、公正、及时。

本书根据专家在装配式建筑产业链上的工作性质和工作内容，归纳如下表。

### (一) 行政管理部门的专家

在具体评价过程中，需要多部门的配合。现有的装配式建筑技术评价的专家由各级政府住房和城乡建设主管部门、发改委部门、经信部门、科技部门、财政部门、规划和国土资源部门、环保部门、统计部门、税务部门、相关区级政府、建设技术发展研究中心、产业技术发展研究中心专家等组成（如表3-4所示）。

表3-4　行政管理部门的专家来源

| 专家来源 | 专家工作内容 |
| --- | --- |
| 住房和城乡建设管理部门专家 | 负责总体工作、制定总体政策、制定技术标准、监督项目落实、推广技术应用、统筹协调各部门 |
| 经信部门专家 | 制定生产企业支持等政策 |
| 发改委部门专家 | 项目立项审批、财政支持 |
| 财政部门专家 | 确定奖励补贴政策 |
| 科技部门专家 | 科研支持 |
| 规划和国土资源部门专家 | 实行规划管理、制定土地出让环节政策 |
| 环保部门专家 | 制定环保、减排方面的扶持政策，进行环保执法监督 |

| 专家来源 | 专家工作内容 |
|---|---|
| 统计部门专家 | 统计分析和预测研究 |
| 税收部门专家 | 制定税收支持政策 |
| 相关区级政府专家 | 完善配套服务、招商引资、跟踪监督 |

### (二) 项目实施层面的专家范畴

专家来源于区域内装配式建筑构件生产企业、具备建筑技术输出能力的龙头企业和建筑产业第三方综合服务商三种。包括开发商 (决策层、项目管理人员)、监理 (总监、驻厂或工地监理)、设计 (建筑师、结构设计师、机电设备设计师、室内装修设计师)、制作工厂 (厂长、技术质量人员、实验室人员、生产维护工、组模具、钢筋工、混凝土搅拌工、混凝土工、修补工、构件堆放运输工)、施工企业 (项目经理、技术质量人员、安装工、灌浆工),受各自的专业领域和工作内容不同,专家对评价的侧重点也有所不同 (如表 3-5 所示)。

表 3-5 项目实施层面的专家范畴

| 专家类别 | 专家岗位 | 专家工作内容 |
|---|---|---|
| 开发商 | 决策层 | 装配式建筑基本知识,装配式建筑优点、缺点和难点,如何提升装配式建筑性价比,如何降低成本,决策要点 |
| | 项目管理人员 | 装配式建筑基本知识,装配式建筑项目管理重点,装配式建筑质量要点 |
| 监理 | 总监 | 装配式建筑基本知识,装配式建筑构件生产监理重点,装配式安装工程监理重点 |
| | 驻厂或工地监理 | 装配式建筑基本知识,装配式建筑构件生产监理项目、程序与办法,装配式安装工程监理项目、程序与方法 |
| 设计 | 建筑师 | 装配式建筑基本知识,装配式行业标准与国家标准、建筑设计与集成 |
| | 结构设计师 | 装配式建筑基本知识,结构设计原理、规范,拆分设计 |
| | 机电设备设计师 | 机电设备、管线设计的集成相关知识 |
| | 室内装修设计师 | 装配式装修相关知识 |
| 制作工厂 | 厂长 | 装配式建筑构件生产管理知识 |
| | 技术质量人员 | 装配式建筑构件技术与质量管理知识 |
| | 实验室人员 | 装配式建筑试验与检验项目、方法 |
| | 生产线维护工 | 生产线维护操作规程 |

| 专家类别 | 专家岗位 | 专家工作内容 |
|---|---|---|
| 制作工厂 | 组模工 | 模具组对、检查、脱模操作规程 |
| | 钢筋工 | 钢筋制作与安装、套筒、预埋件等操作规程 |
| | 混凝土搅拌工 | 混凝土搅拌操作规程 |
| | 混凝土工 | PC 构件制作操作规程 |
| | 修补工 | PC 构件制作操作规程 |
| | 构件堆放运输工 | PC 构件堆放、装车操作规程 |
| 施工企业 | 项目经理 | 装配式建筑施工管理与技术知识 |
| | 技术、质量人员 | 装配式建筑施工技术与质量知识 |
| | 安装工 | 装配式构件安装作业操作规程 |
| | 灌浆工 | 装配式构件连接灌浆作业操作规程 |

　　总之，装配式低层建筑发展处于初期阶段，面对离散性的利基市场，单纯的技术评价不能有效指导技术应用和市场推广，需要增加区域特性和企业战略评价因子，所以需要遴选更多的评价专家，扩展装配式低层建筑的内涵，将更多的装配式低层建筑体系纳入评价对象中，凸显装配式低层建筑评价的价值。

　　要提高专家评分质量，一方面是遴选合适的专家参加评议；另一方面要根据评价专家的专业知识、经验、能力、水平、期望及偏好等综合因素来赋予专家适当的权重。本书采用专家的职称、职务、评审档案等作为指标，对参与装配式低层建筑评价的专家权重进行分配[①]（如表 3-6 所示）。

表 3-6　评价专家权重分配

| 分类 | 单位 | 权重 |
|---|---|---|
| 行政管理部门专家 | 住房和城乡建设管理部门 | 5 |
| | 经信部门 | 4 |
| | 发改委部门 | 4 |
| | 财政部门 | 4 |
| | 科技部门 | 4 |
| | 规划和国土资源部门 | 4 |

---

① 周宇峰，魏法杰．基于模糊判断矩阵信息确定专家权重的方法 [J]．中国管理科学，2006，14(03)：71-75．

续　表

| 分类 | 单位 | 权重 |
|---|---|---|
| 行政管理部门专家 | 环保部门 | 3 |
| | 统计部门 | 3 |
| | 税收部门 | 3 |
| | 相关区级政府 | 3 |
| 项目实施部门专家 | 开发商决策层 | 5 |
| | 开发商项目管理人员 | 3 |
| | 总监 | 3 |
| | 驻厂或工地监理 | 2 |
| | 建筑师 | 3 |
| | 结构设计师 | 2 |
| | 机电设备设计师 | 2 |
| | 室内装修设计师 | 2 |
| | 构配件厂长 | 3 |
| | 构配件技术质量人员 | 3 |
| | 构配件实验室人员 | 3 |
| | 构配件生产线维护工 | 2 |
| | 构配件组模工 | 1 |
| | 构配件钢筋工 | 1 |
| | 构配件混凝土搅拌工 | 1 |
| | 构配件混凝土工 | 1 |
| | 构配件修补工 | 1 |
| | 构件堆放运输工 | 1 |
| | 施工企业项目经理 | 3 |
| | 施工企业技术质量人员 | 1 |
| | 施工企业安装工 | 1 |
| | 施工企业灌浆工 | 1 |

通过对评价专家赋权，邀请专家对评价对象进行打分，再根据 VIKOR 多准则妥协解排序法的基本流程，计算出专家组对装配式低层建筑技术评价对象的最终判定。

# 第三节　装配式低层建筑技术评价系统的实现

## 一、系统总体构架

为方便评价专家的工作，本书根据山地区域装配式低层建筑技术评价指标体系，构建了装配式低层建筑技术评价决策系统，该系统主要采用模块化分类计算的方式，采集四类常见装配式低层建筑技术指标，通过 Web 操作界面，将现场数据采集和工程技术评价分开进行，实现无纸化交流，从而减少技术提供方对评价专家的人为干预。

装配式低层建筑技术评价指标体系系统前端采用了 Bootstrap UI 框架和 Vue.js 框架进行响应式和模块组件化的开发。Bootstrap UI 框架具有较强的扩展性，能更好地与现实的 Web 开发项目结合，它较为成熟，在大量的项目中充分使用和测试，兼容各种脚本插件。Vue.js 是现在主流的前端开发框架之一，采用了数据的双向绑定和虚拟 DOM 操作，提高了浏览器的运行效率。

后台采用 Springboot 快速响应式框架作为主体架构，去除了大量的 xml 配置文件，简化复杂的依赖管理，配合各种 starter 使用，基本上可以做到自动化配置。并且不用部署 WAR 包，简化 Maven 及 Gradle 配置，尽可能自动化配置 Spring，直接植入产品环境下的实用功能，比如度量指标、健康检查及扩展配置等，无须代码生成及 XML 配置。数据层采用 MYBATIS 框架通过提供 DAO 层，将业务逻辑和数据访问逻辑分离，使系统的设计更清晰、更易维护、更易单元测试。操作（sql）和代码的分离提高了可维护性。提供映射标签，支持对象与数据库的 ORM 字段关系映射以及对象关系映射标签，支持对象关系组建维护并且支持编写动态 SQL，使得系统能够根据场景不同自动构建相应的 SQL 语句，减少内存使用。

数据库采用了传统的关系型数据库 MySql，以快速有效地进行数据的检索和多表查询，服务器端采用了 nginx 服务代理以确保网站的快速响应。数据库的操作（sql）采用 xml 文件配置，解除了数据库的操作（sql）和代码的耦合，提供映射标签，支持对象和数据库 orm 字段关系的映射，支持对象关系映射标签，支持对象关系的组建，提供了 xml 标签，支持动态的数据库的操作（sql）。

本系统现可运行于 WindowsXP 以上 PC 端系统，操作简单方便。在数据录入阶段，当选中输入框后即会出现数值微调框，通过修改 <input> 标签中的数值进行操作，便于数字的微调，当确认无误后，系统根据操作者输入的数据进行计算，最终以弹窗的形式显示计算结果。不论在哪一个页面，均可点击系统标题以返回主界面。

系统现阶段已完成基本的评价指标体系的功能框架，实现了完整的计算流程，但在如上文所提到的用户友好性等方面还可以做进一步的提升与完善。例如，在本系统中，因计算公式冗长复杂，并未对用户实现计算过程的可视化，并且人工录入数据量较大，若有后续完善工作，应尽量实现过程可视化，增添表格导入插件，提升系统使用的便捷性。

本系统现可运行于 WindowsXP 以上 PC 端系统，操作简单、方便，与一般办公计算软件大同小异，不需要专业制作人员和维护人员，有一点计算机知识或曾经使用过计算软件的普通人员经过几天培训即可对系统进行操作和维护。人工输入的数据，利用计算机代码采集有两种形式：微调控件的显示数值和组合框中选择的分值。微调控件中的权重系数其本身属性为数值型，故可直接利用指向指令采集。本系统中，部分模块需人工录入的数据量很大，在后续优化过程中，可通过插件的使用将数据表从 Excel 直接导入本系统中。

程序的计算部分，用户输入数据，完成数据采集、整合与计算。当系统判断数据录入已完成，随即出现确认计算按钮，各指标的计算，由其相应界面下的计算按钮完成，如指标赋权计算界面的各数据，计算后将结果返回结果分析界面相应的位置，在结果界面实现结果的可视化分析，同时关闭本模块。本系统中，因计算公式冗长复杂，并未对用户实现计算过程的可视化，若有后续完善工作，应将指标说明或计算公式说明以一个小模块的形式显示在模块界面中，以便于使用者参考。

## 二、表单及页框结构的创建

评价界面的功能模块设计与层次分析法构建的评价体系结构类似，最上层为表单集，表单集包括主表、质量控制模块、安全控制模块以及选填的表单，各表单中不同指标下的内容由分页框分开显示表单及主要页框的结构。

在完成评价指标体系构建的同时，利用 Vue 设计了由评价体系指标构成的 Web 操作界面，用以简化评价计算工作，提高评价效率。构建 Web 操作界面可以将现场数据采集和工程技术评价分开进行，实现无纸化交流，从而减少评价工作人员的人为因素影响。

主页面作为整个应用系统的主控及启动页面，整个评价体系就是由此启动并逐级调用的，它的主要任务是设置应用程序的起始点、初始化环境、显示初始化界面等。

变量或符号的段属性和偏移属性由该语句所处的位置确定，标签用于显示指标名称，通过修改相应标签 Label 的 Caption 值完成。考虑到权重系数由专家调查问卷得出的数据通过层次分析法计算而得出，对于具体工程权重有略微变化，所以本系统设置 Spinner 微调控件，用于显示和微调评价指标的权重系数，通过修改 Spinner

属性值中的 Value 来完成。微调控件的微调频率由 Spinner 属性值中的 Increment 属性修改。组合框用于显示评价相应得分，通过手动输入，选项框主要用于平行选项的选择，如专家身份选择，采用 Checkbox 单选框，使平行选项不能同时选择。

评价体系中对各个指标的说明，集中体现在指标体系界面，由鼠标点击指标，右侧将显示出相应指标的说明。

程序的计算部分设计为按钮形式，数据输入完毕后通过点击计算按钮，同时完成数据采集、整合与计算。实际上，指标赋权计算、专家权值等模块的计算，由其相应界面的计算按钮完成计算并将结果返回主表的技术性能指标中的相应位置，同时关闭本模块。

计算过程，采用编号代替代码，利用 if 语句构成计算部分，系统有若干计算模块，每个模块采用分类别的计算方式，实现了大量数据并发计算。主表无须将数据返回至结果分析表进行结果显示，不必在计算同时关闭当前表。

## 三、界面设计与功能开发

根据指标体系框架和设计的表单情况，利用 Vue 中的组件开发以及各组件对应的属性和部分属性代码设计了评价软件的各个界面。

### (一) 指标体系界面

指标体系界面充分展示了装配式低层建筑技术评价指标体系的层级划分，下拉菜单可选择要输入的数据类型，并输入相应的数据值。

### (二) 技术方案界面

各方案采用瀑布流式布局，输入方案个数并进行手动增减之后，方案自动按序排列。

### (三) 专家赋权界面

每位专家在选择身份并输入对应权重之后，以表单形式配合后台对数据进行归一化处理，并将归一化后的数据输出在界面上。

### (四) 指标赋权计算界面

每位专家可对表单进行数据输入，系统将自动把数据输入后台数据库中，便于后续计算与分析调用。

### (五)评价方法界面

现有的评价系统，是应用 VIKOR 多准则妥协解排序法在保障评价结果，并展开后续工作。为了提高评价决策的科学性，本书在设计和规划装配式低层建筑技术评价决策系统的时候，预留了接口，方便后来的研究者增加更多的方法论。

专家可以通过下拉菜单的方式进行评价方法的选择，根据专家决策者重要性指标及指标权重系数，按照预设的计算步骤和公式，生成每个方案的对应值，并自动完成敏感性分析，展示评价结果的群体效用值、个体遗憾值和折中评价值。

### (六)结果分析界面

系统将根据后台数据生成各方案在目标层、准则层、因子层和指标层的指标蛛网模型图，并反馈给技术方案的提供者，形象地反映装配式低层建筑利基产品的各种形态特征，方便决策者对选定技术进行针对性的改进。

# 第四节　装配式低层建筑项目决策系统的案例分析

## 一、项目背景介绍

该项目靠近某市内环高速，位于该市区半小时经济圈内，面积约4000亩。该区域位于北半球副热带内陆区，亚热带季风性气候，夏季炎热，平均气温在27℃~37℃之间，极端气温高达46℃。项目距离渝中半岛20公里，驱车最快3分钟到达；距离机场、火车站45公里范围内，距离市区交通枢纽不到25公里，距离M风景区2.5公里，步行30分钟到达。

通过前期调研，在项目建设的总体要求基础上，专家逐渐对项目形成了初期认识，准备从技术选型、运营模式、经济效益、产业配套、政策应用、新技术推广方面进行一系列前期规划。项目建设总体要求方面：

第一，装配式低层建筑的各项设备及系统的功能、性能应完全符合装配式低层建筑技术评价指标体系的要求，并满足《装配式建筑评价标准》和与装配式建筑评价相关的一系列标准及规范。

第二，结合评价专家的指导性意见，建设一批可移动、可拆卸、模块化、集成度高的装配式建筑，建筑外观样式具备西南区域少数民族特色。在竖向结构方面，需要达到《装配式建筑评价标准》中对结构创新的评价要求，不得低于50%。

第三，采用全装修设计，装修设计需要与建筑设计相连，使空间组织、界面处理、材料选择、功能管道布置等都能提供完整的施工图文件，技术报告等相关技术文件，符合国家、行业和该市的相关标准和规定。

第四，预制构件质量需要达到现行国家、行业和该市现行的有关标准和规定，并提供相关质量证明文件。

第五，施工过程应符合《建筑工程施工组织设计规范》(GB/T 50502-2009)的相关规定，编制装配式低层建筑施工方案，并满足装配式低层建筑在设计、生产、运输、安装、装修等方面的标准和规范。

(一)技术选型

项目实施主体准备将装配式低层建筑均纳入建设当中，并建立一套与"六次元农业"理念相关的装配式低层建筑创新创业示范公园。

通过专家讨论，该项目在技术选择方面没有硬性要求。它更多的是推广和新技术、新材料和新工艺的应用。只要能满足项目规划和满足装配式低层建筑的基本属性，就可以被作为替代方案。

结合行政管理部门专家对该项目的指导性意见，技术选型要求在不破坏土地耕层的基础上，以最短的工期建成具备地域特色，满足个性化定制、高装配率、绿色环保的装配式建筑技术。

受山地环境因素的制约，项目要求成品建筑需要在高海拔湿热地区长期使用，并能够在交付时提供权威第三方质量认证，建筑材料必须经久耐用、环保无毒、易于维护。按照商业需求建成后可做小范围移动，并具备较高的回收残值。

具体参数要求：

第一，采用特殊设计的房屋结构，搭配先进的保温隔音材料，确保房屋整体隔热、隔音性能优异。

第二，达到国家标准的质量认证(如表3-7所示)。

表3-7 国家质量认定标准

| 抗风性能 | 12级 | 防潮性能 | 不受潮湿天气影响 |
|---|---|---|---|
| 抗震性能 | ≥8级 | 防雷性能 | 符合国家防雷标准要求 |
| 承载性能 | 250~300kg/m² | 气密性 | 4级 |
| 抗撞击能力 | 2级 | 水密性 | 3~5级 |
| 防火能力 | A级(不燃性建筑材料) | 结构使用年限 | 50年 |

第三，主体构件不受潮湿天气影响，具备一定程度的抗腐蚀性；建筑表面光滑

易清洁，不需要进行后期刷漆保养，外立面纹理色泽清晰。

第四，建筑材料环保，零甲醛释放，建筑内墙不必二次装修；节能减排，可申请政策专项补贴，能够兼顾大量的系统集成技术，选配太阳能系统，提升节能减排的效果；建筑防火、防腐、防虫蛀，不必后期维护；材料可以循环利用，能够降低企业和项目的投资风险。

第五，成品建筑必须属于装配式建筑，全部采用干式连接，部件构件能够规范性拆除，并能通过多种模块化组合实现丰富的场景功能。

第六，全屋具有较高的回收价值，构配件应根据工程进度和工期管理随时调整出货量和库存，快速运输，快速搭建。

### (二) 运营模式

由于项目改造经费有限，又是农业流转土地，项目建成后将作为乡村旅游扶贫工程的基础设施示范载体。需要通过土地一级开发，尽快实现资源资产化的转化，为后续搭建资源价值平台 (以景区带村、公司带农户、合作社入股等模式开展旅游扶贫项目) 创造有利条件，实施周期控制在三个月内。

通过专家访谈，类似这样的项目均存在"前期投入大、建筑品质低、缺乏文化底蕴、项目研发周期长、产业扶持力度弱、空心化"等问题。

经由建设主管部门、业主单位、项目实施主体企业，预制构件生产企业的多次研讨，通过审视"农村、农民、政府、产业、土地"等多重关系，提出了"资金统筹规划、科学合理选址、整体规划设计、产业导入先行、挖掘土地富余、运营提升价值"的综合策略。

首先，通过产业导入，充分考虑如何能将城里人留下、如何能帮助当地农民就业的问题，开展城市人口田园体验、旅居、康养、教育等方面的项目经营。针对政府财政投入不足的问题，充分利用"以资源换资金"的策略，挖掘富余的集体建设用地、宅基地、旅游用地等指标。

其次，为提高当地居民的居住品质，将采用"房屋产权归农民，余房整体运营外包，经营收益抵扣房款"的方式，解决搬迁 / 改建超额费用问题，既解决了农民的居住 / 归属权问题，同时又解决了投入缺口问题。

### (三) 经济效益

建设项目需要在综合性竞争成本、增量成本控制和全寿命周期成本的评价中取得平衡，既不能追求短期经济行为，用建安成本替代经济性评价，还需要从环境整治、协同联营、产业配套等方面全面评估，从项目的基础盈利、项目的核心增值、项目的产业配套三个方面开展工作。

1. 基础盈利部分

共享农庄分租收益分租土地招募庄主，并支付农房建设管理费用，此部分盈利基本能够持平租期内的全部土地流转金以及前期基础环境改造投入及费用开销。

2. 核心增值部分

会员度假服务及关联产业盈利项目完成后，后续开展共享运营业务，运用分时度假需求、会员制整合发展，形成异地引流，扩大旅游消费群体，带动农产品预购销售、繁荣本地文化旅游产业，达到年均旅游人次超过10000人次，带动农副产品增收100万元的标准，实现平台化的大数据价值和资源价值。

3. 产业配套部分

推出生态农产品定制种植及对口销售、家禽托管认养、组织绿色农产品集中销售平台，提高农产品的经济增加值；同时，启动休闲农业旅游项目，如匹配采摘体验、农耕体验、垂钓休闲、餐饮娱乐、旅游度假来提高产业配套的利润。

(四) 社会效益

当地居民可通过庄园管理、农业种植、绿化管理、渔场管理等方面增加岗位、促进就业，也可自主进行旅游经营活动，吸纳社会闲置人口，提高居民的劳动附加值，吸引外出务工人口回流，对当地经济文化的复兴和发展有重要意义。

通过多渠道帮助农民脱贫致富，居民通过土地入股分红、本地就业与自主经营等形式参与到农村经济发展中来，让产业链上的资源主动参与到旅游活动的开展中，促进产业转型升级。

引流外来游客，促进文化交流，提升精神文化水平。外来游客的进入将带来新的文化和思想，对丰富当地文化和促进文化交流具有重要意义。

(五) 新技术应用

为体现装配式低层建筑在公园的技术先进性，将在建筑新技术应用领域展开建设。

1. 解决下水排污问题

因为项目在山区腹地，如果没有完整的市政设施，如果污水直接排入河流和湖泊，然后自然降解，就会严重损害公园环境、污染地下水资源。对此，项目建设主体将采用真空集便技术，在项目排污管集中加装密闭消毒处理池，全过程采用真空密闭发酵处理，达到节水、无臭、零排放、产出有机肥可循环利用的作用。

2. 解决场地整治问题

受山地区域地域条件限制，喀斯特地貌区域、临崖湖泊区域自然生态条件脆弱、道路崎岖，不具备大型预制构件运输和重型吊装设备施工的条件。如果进行大体量的隐蔽工程不但会增加建设成本，而且对环境破坏性较大。

对此，项目需要采取更加科学的接地技术，通过装配式低层建筑技术体系需配合地螺钉技术，克服复杂地形条件下的桩基础作业，在实施过程中解决地基沉降、水土保持的问题，达到安装迅捷、经济可靠。

3. 解决防火问题

由于项目与城市消防应急系统距离偏远，如果发生火灾，救急需要大量时间。对此，项目建设主体将引进更加先进的防火阻燃系统，对装配式低层建筑的主体结构、围护系统、幕墙系统等几个方面进行提升。

4. 门窗集成问题

当前，部分装配式构配件生产企业尝试进行预制外墙板和门窗的集成化生产，将其作为预制构件属性进行销售，但作为装配式建筑系统化的重要集成部品，不论是外观样式还是集成水平都不佳。

主要原因是建筑门窗与装配式建筑一体化设计能力差，未完全被视为一个整体进行设计、制造、安装、使用和维护。受构件尺寸、厚度和承重性能的影响，集成门窗的开孔面积和采光效果不太理想。

装配式建筑评价标准中缺乏建筑门窗的指标体系，项目实施方案中也没有提出具体参数要求，关于系统性门窗的归属，属于装饰装修的范畴、集成度水平还是外围护墙和内隔墙的评价范畴，认定还不是很清晰。作为建筑中非常重要的兼容构件，是装配式建筑评价中的缺失。

对此，项目实施主体准备将系统门窗作为技术评价的一部分，纳入评价范畴中，要求装配式低层价值技术供应商整合系统门窗，在建筑设计、生产、运输和安装过程中将系统门窗作为重要的预制构件，纳入外围护墙的评价指标中。

这些功能需要和建筑主体结构、外围护系统、幕墙系统兼容，在以上新技术应用的基础上，还需要提供集成吊顶技术、平板 LED 照明技术、全屋吊顶技术、木瓷环保技术、集成墙体技术、微晶石门窗套线技术、数字化家具系统等，也是新技术应用中需借鉴的因素。

## 二、指标权重确定及分析

本书编者在 2018 年 12 月期间开展了专家打分工作，邀请了国家标准院、建筑绿色节能中心、装配式建筑构件生产企业、山地建筑研究中心、建筑决策咨询机构各 1 人。

在打分过程中，笔者预先与专家进行面对面的交流，用于帮助专家理解论文中各个指标的含义，再由专家在独立思维状态下完成打分过程，从而共得到 5 个专家的打分矩阵。通过计算，每位专家的判断矩阵 CR 值均小于 0.01，全部通过一致性检验。

实际上，通过对各评价指标层对于整个评价指标体系权重重要性的分析，编者发现，专家对装配式成品建筑室内空气质量的重视程度很高，这说明发展绿色建筑是装配式低层建筑项目决策评估的重点。而"周围环境负责"和对"资源利用效率高"两个条件是装配式建筑可持续设计的重要目标，需要从设计、规划、生产、经营等多方面协调好人类活动与景观生态格局的关系，尽可能保证生态多样性和社会文化的多样性，减少破坏性开发。

对于专项政策的支持力度，是项目决策评估和评价中非常看重的指标，一方面是对产业技术的支持，另一方面是对技术推广应用的限制。国家现在正在大力整治城市人口买卖农村流转土地，违规修建度假房和休闲别墅的情况，对于违反标准的农业大棚和严重破坏土地耕层的项目采取更加严厉的惩罚措施，很多已用装配式低层建筑技术体系建设的项目都被强制拆除，这给投资者带来大量亏损，也给建筑设计者或建筑商在进行技术评价和项目决策的时候敲响了警钟，不能用单纯的技术评价来代替项目决策，更不能违反"政策红线"。

对于最近比较热门的"BIM+ 装配式"技术，应用建筑信息化提升装配式建筑的评价指标，专家给出的权重却相对较低，主要是因为装配式低层建筑体量相对较小，应用 BIM 技术需要项目实施主体在此项技术升级方面进行长期持续的投入，工作量会极大提高，并且参与 BIM 的工作专家要有强势的决策能力，目前这些条件在离散型项目中还不成熟。[①]

## 三、技术评价结果分析

### (一) 企业战略的分析及评价

1. 经济效益评价

(1) 综合性竞争成本控制

专家调研，装配式多功能箱型房单位售价在 1300 ~ 5300 元之间，冷弯薄壁型轻钢结构建筑单位售价在 1500 ~ 1800 元之间，PC 装配式混凝土低层建筑单位售价在 1800 ~ 2000 元之间，现代轻型木结构建筑单位售价在 3500 ~ 5000 元之间。

通过比较，冷弯薄壁型轻钢结构低层建筑和现代轻型木结构低层建筑比混凝土低层建筑重量在土地基础方面的成本低，因此，不需要更厚的墙壁和巨大的梁柱支

---

① 庞永师，王莹.基于粗糙集的建筑企业社会责任评价指标权重确定 [J]. 工程管理学报，2012，26(03): 109-113.

撑来确保建筑物的坚固性；墙体厚度可以严格控制在20cm以内，比预制混凝土低层建筑墙体低2/3。因此，建筑物的使用面积较大，得房率高。轻钢结构装配式低层建筑施工工期短，施工方法操作简易，但原材料价格比现代轻型木结构价格高，在免维修、耐腐蚀、免虫蛀方面具有明显优势。装配式多功能箱型房受系统集成应用的影响，单位售价差距较大，不能用毛坯房或建安成本来计算综合性竞争成本，由于产品属性比较模糊，多以设备设施的方式进行销售，应该按照精装修或是达到入住标准来衡量售价，所以在综合性竞争成本方面，属于比较特殊的产品。

就综合性竞争成本控制而言，专家就装配式低层建筑技术评价的结果为PC装配式混凝土低层建筑偏好、冷弯薄壁型轻钢结构建筑偏好、多功能箱型房偏好、现代轻型木结构建筑偏好。

（2）增量成本控制

从调研结果来看，装配式混凝土低层建筑的预埋构件和辅助材料费用较高，从事预制构件工厂生产效率较低，缺乏有效的工程管理团队。预制组件构件的生产和现场安装脱节，在工厂，土地和设备等固定资产方面前期投入资金较大，产能不足加大了预制构件的固定摊销费用。

冷弯薄壁型轻钢结构低层建筑市场化占有率最高，能够做到量化施工，但原材料产品质量和沿海发达地区还有很大差距，缺乏品牌运营管理的思维，多以原材料代工为主，同类型装配式结构体系中的产品竞争力较弱；多功能箱型房具备完全的工厂化生产能力，能够实现异形构造，但后期设备设施的安装费用较多；现代轻型木结构依托传统木建筑工匠团队的支持，主要增量成本来源于人工。

专家针对增量成本控制的实际情况，对装配式低层建筑生产技术的评价结果为PC装配式混凝土低层建筑极好、冷弯薄壁型轻钢结构建筑极好、多功能箱型房好、现代轻型木结构建筑偏好。

（3）全寿命周期成本控制

传统的钢混结构，构造和安装工程主要包括：土木工程，铝合金和排水系统，屋顶排水系统，外墙材料，设备设施费，集成门窗费，装饰装修费，不可预见费，其他直接费，间接费，建设利润，其他费用，税金，等等。

PC预制构件低层建筑在间接成本和税收方面类似于传统的钢混结构，主要包括：基础平台，结构工程，OSB板，铝合金和排水系统；屋面防水系统，保温棉，外墙保温材料，石膏板系列，结构钉等；安装，设备，外门，车库门，外窗，室内装饰，机械费，运输费，人工费，不可预见费用和其他费用。

冷弯薄壁轻钢结构建筑成本的增加反映在建筑安装方面，主要的原因是为了增加外墙保温、隔热、隔音、耐腐蚀，从而确保房子的使用性能和节能。

现代轻型木结构建筑成本的增加主要体现在构件加工和后期维护中的成本，主要原因是木材加工的容错率较低、废材率高，设计变更难度较大，对预制构件的数字化加工机床和工匠熟练程度相关，成品建筑需要进行周期性维护。

多功能箱型房建筑成本可以参考冷弯薄壁型轻钢结构建筑，费用增加主要是模块化功能的增加，受内空尺寸限制和系统集成的影响，需要更多的功能模块箱体配套，单体箱体空间较小，不能做物理分割，后期需要对连接构件和箱体进行大量的围护。

从成本角度进行选择，发现造成常见的四类装配式低层建筑，成本增加。主要因素还是用在装配式建筑性能提升方面，包括后期使用和维护过程中产生的费用。

受技术体系自身属性的影响，多功能箱型房在资金投入和性能提升方面有上限，适合临时建筑和游牧式商业载体；现代轻型木结构建筑在信息化系统设计方面提升难度较大，目前在 BIM 技术应用和工程算量评价方面较为落后，建筑性能与传统木结构建筑类似；装配式 PC 混凝土低层建筑和传统砖混结构建筑类似，居住性能依赖于大量的二次装修，建筑外立面和屋顶也需要投入大量的工程成本。

专家综合资金投入在提升装配式低层建筑性能方面的比较，对装配式低层建筑生产技术的评价结果为 PC 装配式混凝土低层建筑极好、冷弯薄壁型轻钢结构建筑偏好、多功能箱型房极好、现代轻型木结构建筑好，可以看出，冷弯薄壁型轻钢结构建筑的适用方面优势相对突出。

2. 企业技术策略评价

（1）技术应用范畴

技术应用范畴是由技术创新战略决定的，根据自身技术能力水平，可以从自主创新、跟随创新、合作创新、技术购买等多种方式实现，针对的是装配式低层建筑利基市场，需要以市场为导向，开展有针对性的技术储备，建立一套从技术研发、技术改进、项目示范到商业化应用的工作机制。转变企业经营理念，提高企业自主创新的认识，加快完善现代企业制度；建立有利于自主创新的企业经营机制；充分发挥产学研优势；开展有针对性的创新活动。

由装配式低层建筑技术示范和市场推广的情况可知，越简单的技术体系应用领域越广泛，PC 装配式混凝土低层建筑受企业服务半径的制约最强，需要的技术装备较多和生产能耗较大；冷弯薄壁型轻钢结构低层建筑市场占有率最大，能够依托现有技术体系进行适宜性改进，商业化应用案例较多；多功能箱型房受政策制约因素最多，但利基市场的应用场景较多，投入较少的技术研发就能够在简单的项目示范过后获得大量的商业化应用，在游牧型商业和旅游地产中前景无限；现代轻型木结构建筑做出的技术改进次数最多，主要是针对非承重部品构件的地域化、民族化改进，在黔东南地区等木结构建筑普及的区域具备广泛的民众基础，但受成本制约和技术垄断，价格比传统木结构建筑高出不少，商业化应用案例较少。技术区域特征更加明显，技术应用范畴还需拓展。

通过技术应用范畴的分析，专家对发展装配式低层建筑技术的评价结果为 PC 装配式混凝土低层建筑极好、冷弯薄壁型轻钢结构建筑偏好、多功能箱型房非常差、现代轻型木结构建筑好。

（2）企业战略支持情况

企业发展战略是对企业获得外部资源的能力，关系到整体技术架构和商业模型的转变，短期内企业获取项目的能力、获得资金支持的能力、获得技术配套的能力、获得政策红利的能力，关系到企业的扩展规模、业务逻辑、管理水平的提高。

在战略支持力度的评价方面，首先应该满足因地制宜，在不同的项目中采用合适的产品；其次是受当地消费水平的制约，排除土地成本，传统建筑项目从拿地、手续、建设、环境治理、装饰装修、销售普遍周期在 2.5～3 年，建安成本一般在 1300～1500 元 /m²，装配式建筑能够在 1 年时间完成上述工作，虽然总体利润较传统建筑项目运筹能力低，但是缩短了工期，节约了资金利息。

轻钢结构低层建筑技术越来越完善、能够进行个性化定制，建筑信息化程度较高，能够实现工程算量和模拟工期控制，具备标准的工作流程，节约材料、安装技术含量较低。

通过对企业战略支持情况的调查，专家对装配式建筑技术的评价结果为 PC 装配式混凝土低层建筑非常好、冷弯薄壁型轻钢结构建筑好、多功能箱型房好、现代轻型木结构建筑非常好。

（3）相关产业带动情况

在装配式低层建筑项目实施过程中，产业带动包含两个方面：一方面是与建筑生产相关的产业带动情况，包括与部品构件生产相关的建材、与一体化施工相关的安装技术、与深化设计能力相关的设计能力；另一方面是与建筑项目相关的产业带动，包括区域扶贫、旅游投资、美丽乡村建设基础设施等。

在考虑其他产业带动情况时，专家组对四类装配式低层建筑技术的评价结果均为极好。

3. 商业模式创新评价

装配式集成建筑从技术创新到商业模式创新，最终将走向产业集群整合创新。通过技术评价，发现现阶段还有许多需要解决的实际问题。

（1）业务结构评价

业务结构主要是指该技术体系在产业链上延伸和整合，实现对传统建筑企业的产业转型，给企业带来更多的新业务，拓展技术体系的发展前景。关键的问题是，是否具备 EPC 总承包资质，是否具备工程总承包业务相适应的组织机构、项目管理体系，是否具备充实的项目管理人员，具备融资能力、设计能力、对外采购、施工管理等配套服务能力。

专家就现有技术体系在总承包方面的实施效果，评价结果为 PC 装配式混凝土低层建筑极好、冷弯薄壁型轻钢结构建筑中等、多功能箱型房非常好、现代轻型木结构建筑非常好。

(2) 盈利模式评价

技术授权是一种有效的盈利模式，它通过向单一市场输出制造权和销售权，扩大专有技术体系在局部市场的占有率。

装配式低层建筑技术体系复杂程度不同，项目实施企业技术装备和创新能力有差异，容易构成技术垄断和技术封锁。如果缺乏技术扩散的有效手段，很难让更多的企业参与到技术评价的活动当中。

与传统建造相比，装配式建筑技术需要大量的技术支持和管理输出，哪种技术体系能够灵活提供一套符合客户需求的装配式低层建筑整体解决方案，并能够协同大量配套资源在短时间内完成客户的建房需求，就能够获得更多的盈利。

现阶段，构件生产企业的转型目标应该是以装配式建筑整体解决方案的大型系统集成商为主、以专精化技术配套服务为辅，技术授权的渠道越多，能够在短时间内协同的配套资源就越多，技术体系运用就越娴熟。

专家对不同装配式低层建筑技术体系通过技术授权的实施效果，评价结果为 PC 装配式混凝土低层建筑好、冷弯薄壁型轻钢结构建筑偏好、多功能箱型房好、现代轻型木结构建筑好。

(3) 经营模式评价

经营模式评价来源于对采购、生产、销售过程中的组织能力，装配式建筑继承了传统建筑在经营模式某些方面的形态。如常见的转包、分包等，在项目建设过程中，项目投资方、业主单位、施工单位、销售单位缺乏与装配式建筑相关的管理经验。具体表现为：设计师不明白装配式构件的生产技术标准，构配件企业对项目管理的计划性不强，销售单位不熟悉技术规范，施工单位的材料采购供应分散，使得资源和技术资源无法有效整合。

借鉴我国对非援助的经验，结合对改善居住性能的急迫需求，用轻钢结构建筑能够在短期内取得最大的效益，除了原材料采购成本较高外，其他优势都比传统建筑明显，这对技术选择有很大影响。

通过市场调研，装配式低层建筑技术推广的难点受经营主体限制明显，各方利益主体没有将长期经营作为项目实施的关键，市场调研与工程建设相脱节。

针对传统农业项目的痛点投入大、周期长、见效慢的特点，经营过程需要将消费者转变为投资者，在完成基础设施和土地成本的基础后，立即将溢价部分转嫁给消费者，结合装配式建筑定制化的特点，可以在未取得预售许可证的条件下，以销售拉动生产。

专家通过不同装配式低层建筑在原材料采购、构配件生产、成品房销售的组织效果，对装配式低层建筑技术的评价结果为 PC 装配式混凝土低层建筑极好、冷弯薄壁型轻钢结构建筑偏好、多功能箱型房偏好、现代轻型木结构建筑极好。

## (二)产业共性的分析及评价

### 1. 技术先进性

(1) 预制率水平

通过专家访谈提到，装配式建筑预制率除借鉴《装配式建筑评价标准》中对预制率的计算，还需要结合技术提供方在某一方面技术实施的保障水平进行评价。包括项目实施主体在专业技术工人和预制率保障方面的能力。最终对山地区域装配式低层建筑预制率的评价结果为 PC 装配式混凝土低层建筑非常好、冷弯薄壁型轻钢结构建筑好、多功能箱型房中等、现代轻型木结构建筑非常好。

(2) 装配率水平

通过装配的建筑定额计价，可以计算出劳动力、材料、项目消耗等，预估出一个装配式低层建筑的建设成本。评价专家参考《贵州省装配式建筑工程设计计价定额（试行）》中的成本核算，按照单体建筑 170 平方米的建设规模，在传统现浇建造方式预算定额上浮 5% 进行计价，将理想造价设定在 1750 元 /m²，按照四类装配式低层建筑最高装配率进行计算，尝试寻找符合理想经济装配率的技术方案。

参照《装配式建筑评价标准》(GB/T 51129-2017)，专家对装配式建筑预制率的计算方法，对四类装配式低层建筑的最高装配率的反复核算，推导出四类装配式低层建筑的价格水平（如表 3-8 所示）。

表 3-8　四类装配式低层建筑单位造价对应的预制率

| 技术体系 | 单位造价 | 预制率水平 |
|---|---|---|
| 装配式混凝土低层建筑 | 1450 元 /m² | 46% ~ 65% |
| 冷弯薄壁型轻钢结构建筑 | 2050 元 /m² | 90% |
| 多功能箱型房 | 2650 元 /m² | 100% |
| 现代轻型木结构建筑 | 4050 元 /m² | 100% |

通过核算，发现冷弯薄壁型轻钢结构低层装配式建筑的工程造价趋近于理想造

价，造价增加量最低（102元/m²），装配率水平较高，在进行技术选择的时候，需要结合经济装配率的实际需求，不能贪图高装配率，而忽略施工成本和使用成本。在实际使用过程中，需要结合环境加以评估，尽量不破坏土地资源，同时应使用最易实现装配率的技术体系。

就与现有技术的差距而言，最终对四种装配式低层建筑技术的评价结果为PC装配式混凝土低层建筑非常好、冷弯薄壁型轻钢结构建筑偏好、多功能箱型房偏好、现代轻型木结构建筑极好。

（3）集成技术水平

技术选择以实现高质优价为核心，如何提升构件质量、实现目标成本控制，增加模具周转次数，为市场提供定制化服务，多种非结构化数据采集，装配式建筑集成技术是评价选择的重要因素。

具体而言，它被分成外围保护结构集成技术、室内装饰集成技术及机电设备集成技术。通过评估，发现多功能箱型房具备工业设备的产品形态，具备较高的系统集成性；现代轻型木结构建筑预制构件现场变更难度较大，建筑外观样式受民族风格化方面影响对外围护结构系统集成有约束；装配式混凝土低层建筑在系统集成水平方面实施难度最大，室内装修集成技术难度较大；冷弯薄壁型轻钢结构建筑具备多种外观样式，可以进行个性化定制生产，结合建筑信息化应用，能够实现工程算量和虚拟工期管理。

专家就集成技术水平的评价结果为PC装配式混凝土低层建筑非常好、冷弯薄壁型轻钢结构建筑差、多功能箱型房偏好、现代轻型木结构建筑偏好。

2.技术成熟度

（1）方案设计能力

装配式低层建筑的方案设计能力主要表现在两个目标，包括对预制构件的科学拆分、预制构件连接节点的处理。

专家通过对方案实施能力的调研，对装配式低层建筑技术的评价结果为PC装配式混凝土低层建筑极好、冷弯薄壁型轻钢结构建筑好、多功能箱型房极好、现代轻型木结构建筑非常好。

（2）建设方案实施能力

装配式低层建筑技术实施企业，普遍出现管理能力储备不足、实施流程不规范、项目规模体量小、资金使用混乱的尴尬状况。

这对装配式低层建筑的项目实施能力有很高的挑战，常规的建设方案实施能力应该具备完整的设计说明、构件统计表、连接节点详图、构件加工详图、预埋件详图；深化设计后能够满足工厂生产、施工等相关环节的技术和安全要求；各种结构部件设计合理、可靠；构件设计与生产工艺结合良好，与构件生产建立协同机制；项目设计与施工组织精密，与施工企业有协同机制；构件设计合理、规格尺寸优化、便于生产制作，有利于提高工效、降低成本。

专家一致认为，冷弯薄壁型轻钢结构建筑能够实现个性化定制，预制构件订货出库速度快，现场二次设计变更方便，工作效率高；配合机械化操作，数字化水平较高，能有效避免对工人的二次伤害。

专家就建设方案实施能力而言，对装配式低层建筑技术的评价结果为PC装配式混凝土低层建筑非常好、冷弯薄壁型轻钢结构建筑偏好、多功能箱型房偏差、现代轻型木结构建筑非常好。

（3）生产制作及质量控制水平

主要包括装配化组织与管理评分规则、装配式施工技术与工艺评分规则、装配化施工质量评分规则。

在装配化施工与组织方面，与项目体量大小和企业投入力度有关，PC装配式混凝土低层建筑具备规模化生产和高层建筑项目中的组织经验，有完整的装配化施工工法和技术标准，但面对离散型项目，管理主体缺乏灵活性，需要抽调技术骨干到生产一线进行技术指导，管理成本较高；多功能箱型房售后维护是组织管理中的难点，作为一体化销售的设施设备，质量管控需要就建筑主体之外的机电、装修、设备、安防等一系列产品进行维保；现代轻型木结构建筑用木制构件和钢结构构件干式连接，传统木结构建筑工匠团队的技术支撑非常重要；冷弯薄壁型轻钢结构建筑在构件安装、主体结构螺栓连接方面简单易行，安装阶段没有二次污染，但部品构件数量较多，需要进行系统化培训。

就建设方案实施能力而言，对装配式低层建筑技术的评价结果为PC装配式混凝土低层建筑非常好、冷弯薄壁型轻钢结构建筑偏好、多功能箱型房偏好、现代轻型木结构建筑好。

3. 技术创新力

（1）主体结构创新

根据国家知识产权局网站检索国内专利数据可知，装配式建筑结构技术创新相关的专利共计803项，其中与装配式混凝土技术相关的共计288条，与装配式钢结构建筑技术相关的主体结构技术共计39条，虽然多功能箱型房相关结构技术相关的专利有2条，但与装配式钢框架结构相关的专利有544条，部分技术可以作为多功能箱型房结构技术的技术支撑。

就装配式低层建筑相关的结构技术创新而言，对装配式建筑技术的评价结果为PC装配式混凝土低层建筑差、冷弯薄壁型轻钢结构建筑偏好、多功能箱型房非常好、现代轻型木结构建筑好。

（2）外围护墙及内隔墙创新

通过在国家知识产权局网站检索国内专利数据可知，装配式围护外墙相关专利5条，装配式内隔墙相关专利技术72条，装配式钢结构建筑内隔墙3条，装配式混凝土建筑内隔墙专利技术2条，多功能箱型房建筑内隔墙专利技术1条。

非承重外围护墙中非砌筑墙体的应用比例应按下式计算：

就与装配式建筑相关外围护墙及内隔墙技术而言，对装配式低层建筑生产技术的评价结果为PC装配式混凝土低层建筑非常好、冷弯薄壁型轻钢结构建筑好、多功能箱型房极好、现代轻型木结构建筑非常好。

（3）装修和设备管线

装配式建筑的设备和管线设计应与建筑设计同步展开，并要求装修施工图和建筑施工图相互协调，尺寸匹配，提前预留、预埋接口，预留、预埋位置在建筑施工图中注明，并加强集成卫生间的应用比例。

目前装配式低层建筑交付形式仍以主体结构竣工完毕为主，在毛坯房上剔槽沟槽、挖洞开孔是常见的现象。专家根据四类装配式低层建筑示范项目中装修和设备管线的布置能力，对装配式低层建筑技术的评价结果为PC装配式混凝土低层建筑极好、冷弯薄壁型轻钢结构建筑非常好、多功能箱型房偏好、现代轻型木结构建筑非常好。

（4）建筑信息化能力BIM

装配式建筑信息化评价，要求项目采用信息模型BIM技术，进行建筑、结构、设备、装修等专有的协同设计，这包括四个方面：一是建立系统管理信息平台，并对工程建设全过程实施动态、量化、科学、系统的管理和控制；二是从设计阶段开始建立建筑信息模型，并随项目设计、构件生产及施工建造等环境实施信息共享、有效传递和协同工作；三是参与各方均具备信息化管理人员，并进行信息系统的管理与维护；四是按照项目实施阶段，包括设计阶段、生产阶段、施工阶段进行信息化管理能力的评价。

装配式构件生产企业纷纷围绕物联网技术、3D扫描技术、BIM信息处理技术等推动参数化协同管理向智能化、科学化、标准化方向发展，形成技术参数的领先性。参数的领先性要求从装配式方案实施企业出发，分析项目实施方案中部品（构件）在深化设计、构件生产、运输与堆放阶段的管理能力，提出通过信息采集、BIM技术解决深化设计问题；通过健全内部管理制度，降低生产风险；通过完善质量标准，防控装配式建筑部品（构件）生产质量风险等建议措施。围绕区域性专有技术体系建立质量管理平台。

基于原有BIM实施能力的基础，主要是工程算量和进度控制，专家就不同装配式低层建筑技术中应用 BIM 价值判断，其评价结果为 PC 装配式混凝土低层建筑极好、冷弯薄壁型轻钢结构建筑非常好、多功能箱型房非常好、现代轻型木结构建筑极好。

（5）创新提高能力

创新提高能力主要是该技术体系对配套技术的包容应用水平，是否能够将新型混合结构、新型连接技术、预应力预制技术、多用途预制构件生产、多户型变化、符合多用途模具应用、高精度安装工艺等。

专家根据不同装配式低层建筑技术体系在工程应用中的效果，汇总四类装配式低层建筑在创新提高能力方面均是极好的。

### (三) 区域特性的分析及评价

1. 资源环境适应能力

（1）装配式成品建筑室内空气质量

装配式室内空气质量控制需要考虑建筑全寿命周期过程中的变化，虽然在生产、运输、安装过程中都会有影响，但装修建筑材料和连接涂料对装配式低层建筑室内空气质量的影响最大，会在建成后很长一段时间挥发有毒物质，而且还是一个延续性的过程。例如，甲醛的释放是一个逐步的过程，尽管某一时刻浓度值达到了安全标准，但并不意味着长期都保持在安全范围内，仅凭某一时刻的检测，显然不符合技术评价的需要。

目前，光谱和能谱是检测室内甲醛的标准技术，但是这些方法需要昂贵的设备、专业的操作分析人员，而且预处理步骤复杂，阻碍了实际工程的应用。为了达到空气质量标准中甲醛及苯类气体极限浓度值的探测，我们开发了两类新型的半导体气敏传感器，该传感器材料由具有特殊纳米组装结构组成，具备灵敏度高、响应恢复快、循环寿命长的特点，已完全满足了室内空气质量中甲苯标准的检测要求，能够给评价专家提供直观的评价依据，如表3-9所示，可以快速完成装配式低层建筑室内空气质量控制的评价。

表3-9　四类装配式低层建筑示范项目室内甲醛含量检测结果

| 技术体系 | 甲醛平均浓度（mg/m³） | 室内空间面积（m²） | 窗墙面积比 |
|---|---|---|---|
| 装配式混凝土低层建筑 | 0.09 | 250 | 0.30 |
| 冷弯薄壁型轻钢结构建筑 | 0.33 | 210 | 0.35 |
| 多功能箱型房 | 0.21 | 110 | 0.70 |
| 现代轻型木结构 | 0.08 | 300 | 0.30 |

注：四个参加检测的项目均建成半年以上。

为评估四类装配式低层建筑技术解决方案在空气质量控制的水平，本书研究者到企业提供的示范项目中进行了实地循环测试，发现凡是进行二次装修和大量使用内墙涂料的建筑，室内空气质量控制水平均低于应用整体装饰装修的技术方案，原因在于企业是否将整体装饰装修纳入构配件内部产品质量监管中，在生产环节中严格执行国家绿色建筑材料使用标准。另外，测试结果也发现装配式低层建筑内部空气质量控制水平和主体结构与围护系统的开孔尺寸有一定关系，总体上，采用梁柱结构的低层建筑比采用剪力墙结构的低层建筑，在室内空气质量控制方面，能够提供更多的有效措施。专家借助仪器仪表，对装配式低层建筑技术的评价结果为 PC 装配式混凝土低层建筑较好、冷弯薄壁型轻钢结构建筑偏差、多功能箱型房偏好、现代轻型木结构建筑偏好。

（2）区域交通保障能力

本项目所在地交通运输困难，而限制了大型预制构件的利用范围，由于建筑产业链缺乏且经济相对落后限制了装配式低层建筑的发展。因此，轻量化、小型化的主体结构技术必然成为装配式低层建筑应用的首选。

根据四类不同技术体系装配式低层建筑构配件生产企业到项目所在地的运输距离，专家对运输路线进行了勘察，对构配件堆放、成品保护、措施费用等进行评价，对装配式低层建筑技术的评价结果为 PC 装配式混凝土低层建筑极好、冷弯薄壁型轻钢结构建筑极好、多功能箱型房好、现代轻型木结构建筑极好。

（3）产业配套成熟度

就项目区域，目前有 8 家国内知名龙头企业，并有 10 余家装配式构配件生产企业，主要生产预制混凝土构件、冷弯薄壁型轻钢结构构件和轻质外墙挂板等。以上这些企业在该市已建设了一大批装配式构件生产基地。

另外，目前专业从事同一技术体系的装配式构配件生产企业分别为：PC 装配式混凝土企业 2 家、冷弯薄壁型轻钢结构低层建筑企业 7 家、多功能箱型房企业 6 家、现代轻型木结构建筑企业 2 家，从事建筑工程相关企业 400 多家。这些装配式构配件生产企业的产能均足够配套服务半径内的项目，并全部具备 EPC 总承包管理资格，围绕装配式构件生产企业，产业链还包括装配式建筑配套企业的商会，如钢材、水泥、木材、绝缘材料、防水涂料、轻质隔墙板、环保隔音材料和其他辅助服务提供者。

（4）区域政策支持力度

主要是评价该技术体系在获得政策资金扶持、项目申报的灵活性，包括对地方建委、农委、科委、经信委等行政主管部门政策经费的申报能力，如对符合西部大开发税收优惠政策的，给予企业所得税优惠，免除结构构件性能进场检测流程等。

项目地处我国西部，建筑业发展与东部沿海地区相比尚显落后，建筑产业现代化程度和绿色建筑发展水平仍处在国内较低水平。

该市结合国务院化解钢铁产能意见以及国家建筑产业政策等，大力推动钢结构产业创新发展及推广钢结构在建设领域应用的产业战略，这给装配式低层建筑的发展提供了有益的指向。该市还颁布了钢结构推广应用实施方面的方案，从政策扶持、财税扶持等方面加大了政策调控的力度，并成立市级财政专项补贴资金对建筑产业化现代化示范项目等进行补贴。对钢结构示范工程项目给予土地出让金和配套费优惠激励政策。支持钢结构研发、设计、咨询及工程总承包等企业享受新兴产业的优惠政策。出台金融支持政策，鼓励金融机构对钢结构企业、采用设计—采购—施工一体化工程总承包建设模式的钢结构建设项目，购买钢结构住宅的消费者给予信贷支持，并在贷款额度、贷款期限及贷款利率方面基于倾斜。积极探索商业保险机制，将钢结构构件、配套部品部件作为产品实现保险标识制度。细化招标支持政策，出台钢结构工程招标指导性意见，明确钢结构试点项目要求招标的范围。改革技术评标办法，对钢结构原材料及其部品构件运输距离控制在水路500千米以内，陆路200千米以内相关要求纳入招投标内容。对该市建筑产业现代化示范项目实施计划的钢结构设计施工、生产加工、部品配套等相关企业在诚信评价中予以加分。出台其他配套政策，制定运输超大、超宽建筑构件的运载车辆，在物流运输、交通畅通方面的支持政策。开通钢结构工程消防审批的绿色通道，在研究消防环境支持政策后，出台钢结构及其配套部品企业申报高新技术企业细则，对满足条件的相关企业予以政策扶持。

专家从不同技术体系在获得区域性政府补贴力度评价，对装配式低层建筑技术的评价结果为PC装配式混凝土低层建筑中等、冷弯薄壁型轻钢结构建筑偏好、多功能箱型房极好、现代轻型木结构建筑非常好。

2.区域建筑设计规划

(1)项目场地设计

综合项目环境，项目位于主城近郊，客源市场丰富，交通距离优势突出，项目区域山体植被覆盖率高，坡缓较多，山形优美，山河纵横之间峡谷幽幽，河水清澈，山洞、崖壁、溪沟交错，环境优美；森林植被覆盖率高，生态优势突出，森林面积约达2000亩，森林覆盖率达70%以上；传统山地人居环境保存较为完善，项目示范对周边村镇建设带动性较强。

从地质条件来看，对装配式低层建筑技术的评价结果为PC装配式混凝土低层建筑极好、冷弯薄壁型轻钢结构建筑好、多功能箱型房偏好、现代轻型木结构建筑非常好。

（2）项目建筑设计水平

项目规划初期，项目实施主体向区域范围内多家装配式构配件生产企业进行了咨询，并收集整理了相关建筑材料。区域内四类常见的装配式建筑企业均能够提供技术支持，并给出了自己的建筑方案。

因地制宜，建筑设计基本原则是依山就势，化整为零，采用平行、斜交、垂直等高线布置方式，单体建筑尽量见效基地面积，在满足功能、经济的条件下，尽可能缩小建筑占地面积，避免大面积挖填作业；为了保证建筑外观样式和山水田园环境的和谐一致，避免欧式风格建筑，在区域民族风格建筑的基础上可以有现代化改良；建筑设计要遵循轻量化、小型化、个性化的特征，尽可能提供更多外观样式的建筑风格。

专家通过对不同装配式低层建筑设计水平的评价，对装配式低层建筑技术的评价结果为 PC 装配式混凝土低层建筑非常好、冷弯薄壁型轻钢结构建筑非常好、多功能箱型房极好、现代轻型木结构建筑极好。

（3）项目消防设计水平

现代轻型木结构建筑需要采用碳化木技术和特殊的阻燃材料，冷弯薄壁型轻钢结构建筑属于 A 级不燃性防火材料，PC 装配式混凝土低层建筑属于不良导热体，遭遇火灾，钢筋与混凝土包裹而不会快速升温，防火性能良好。

（4）项目结构设计水平

结构设计水平评价，首先是要对场地的稳定性进行地质勘察，若了解到建筑周边潜在的地质灾害，如滑坡、泥石流、坍塌以及熔岩等，需要采取特殊的治理措施。项目结构设计水平需要符合山地建筑的总体规划，对使用要求、地形地质进行适应性调整，抗震设计和边坡工程要达到国家标准《建筑边坡工程技术规范》（GB/50330-2013）的要求；选择与山地建筑相关的接地形式，包括吊层、吊脚、错台、错层等；合理选择符合结构实际工作状态的力学模型，并对计算结果进行判断。

专家通过对四类装配式低层建筑在结构设计水平上的评价，认为针对该项目情况评价结果为 PC 装配式混凝土低层建筑非常好、冷弯薄壁型轻钢结构建筑好、多功能箱形房极好、现代轻型木结构建筑极好。

（5）项目设备设施设计水平

项目设备设施主要是与装配式低层建筑相配套的供排水系统、二次供水系统、雨水收集和再生水处理系统、生活热水供应系统、排风排气系统、自然通风系统、空调系统、采暖系统、消防系统、室外信息系统、室外电气系统、避雷系统等。

专家通过四类装配式低层建筑技术体系在该项目设备设施设计规划的水平判断均为极好。

（6）工程技术与自然生态保护

装配式低层建筑技术应该作为整个山地组成部分进行规划与设计，加强水土保持，防止地灾、水灾，保证山地建筑的安全，保持山地的自然生态总体平衡；绿化技术、水文组织、挡土墙及护坡和自然生态修复是保障山地稳定和建筑安全的重要工程技术措施。

专家通过不同装配式低层技术体系在工程技术与自然生态保护方面的状况，对装配式低层建筑技术的评价结果为 PC 装配式混凝土低层建筑非常好、冷弯薄壁型轻钢结构建筑非常好、多功能箱型房极好、现代轻型木结构建筑非常好。

专家组通过问卷调查常见的四类装配式低层建筑技术目标层、准则层、因子层和指标层分析指标权重，结合专家意见权重，得出专家们对四类常见的山地区域装配式低层建筑综合评价意见。通过计算得出基于 VIKOR 多准则妥协解排序法的评价结果，用以支持企业项目实施中的技术决策。

最终，在规划的时候，首选低碳智慧集成轻钢结构建筑技术，配套部分现代轻型木结构建筑，采用部分多功能箱型房用于临时商业设施，引进整体架空、安装快捷、可拆卸的智能化建筑，沿现状水池整体布局，其低碳环保、不硬化基础、不破坏地表植被及耕层的旅居属性，有效解决了土地约束难题，为生态旅游提供可复制、易扩张、快速实现盈利的一体化解决方案，同时有对耕地的保护和对环境的优化作用。

# 第四章 市政工程施工项目成本控制研究

## 第一节 工程施工项目成本控制理论

### 一、施工项目成本的构成

施工项目成本由直接工程费和间接费组成。直接工程费由直接费、其他直接费、现场经费组成。其中，直接费是指在工程施工过程中直接消耗的构成工程实体或有助于工程形成的各种费用，包括人工费、材料费和机械费；其他直接费是指直接费以外的施工过程中发生的其他费用，包括夜间施工增加费、冬雨季施工增加费等；现场经费是指为施工准备、组织施工生产和管理所需的费用，包括临时设施和现场管理费。

间接费由企业管理费、财务费、其他费用组成。其中，企业管理费是指施工企业为组织施工生产经营活动所发生的管理费用，包括现场管理人员的人工费（基本工资、工资性补贴、职工福利费）、资产使用费、工具用具使用费、修理费、工会经费、职工教育费、职工养老保险费及待业保险费、各种税金以及其他费用；财务费是指企业为筹集资金而发生的各项费用，包括企业经营期间发生的短期贷款利息净支出、金融机构手续费，以及企业筹集资金发生的其他财务费用；其他费用包括定额测定费及按照有关部门规定支付的上级管理费等。对于建筑业企业所发生的经营费用、企业管理费和财务费用，按规定应计入当期损益，即计入期间成本，不可计入施工项目成本。

对于以下项目，企业不得列入企业成本和施工项目成本：如为购置和建造固定资产、无形资产和其他资产的支出；对外投资的支出；没收的财物，支付的滞纳金、罚款、违约金、赔偿金，以及企业赞助、捐赠支出，国家法律、法规规定以外的各种付费和国家规定不得列入成本费用的其他支出。

### 二、项目成本控制的原则

为了保证工程项目最大限度地产生合理的经济效益，以及使成本控制工作得到有效的实施，应当在对项目成本进行全员控制、全过程控制和动态控制的前提下，确定成本控制的具体措施，同时严格监控成本控制措施在工程项目施工中的具体执行情况，以保证预期成本目标的实现。在项目成本控制中应遵循以下原则：

（一）全面性原则

成本控制的全面性原则包括以下三个方面的内容：

第一，全过程成本控制在工程项目确定以后，自施工准备开始，经过工程施工，到竣工交付使用后的保修期结束，整个过程都要实行成本控制。

第二，全方位成本控制不能单纯强调降低成本，而必须兼顾各方面的利益，既要考虑国家利益，又要考虑集体利益和个人利益；既要考虑眼前利益，更要考虑长远利益。因此，在成本控制中，绝不能片面地为了降低成本而不顾工程质量，靠偷工减料、拼设备等手段，以牺牲企业的成员利益、整体利益和形象为代价，来换取一时的成本降低。

第三，全员成本控制成本是一项综合性很强的指标，涉及企业内部各个部门、各个单位和全体职工的工作业绩。要想降低成本，提高企业的经济效益，必须充分调动企业广大职工控制成本，关心降低成本的积极性和参与成本管理的意识，做到上下结合。专业控制与群众控制相结合，人人参加成本控制活动、个个有成本控制指标，积极创造条件，逐步实行成本否决。这是能否实现全面成本控制的关键。

（二）动态控制原则

动态控制原则就是要在工程项目的实施过程中进行严格的成本控制，因为施工项目是一次性工程，施工准备阶段的成本控制只是根据项目的实际情况设立成本目标、做出成本计划、编制成本控制的方案，为今后的成本控制做好准备。而竣工阶段的成本控制，由于成本的盈亏已基本定局，即使发生了偏差，也来不及纠正。因此，把成本控制的重心放在基础、结构、装饰等主要施工阶段上是十分必要的。要真正做好成本控制，本书研究者特别要加强施工工作开始后的过程检查和过程监控，以保证各项成本控制措施和成本指标计划得以具体落实和实现。

（三）例外管理的原则

例外管理原则就是在成本控制过程中对于发生在控制标准以内的可控成本，不必逐项过问，而是集中精力控制可控成本中不正常、不符合常规的例外差异。

（四）统一领导和分级归口管理相结合的原则

在项目施工过程中，项目经理、工程技术人员、业务管理人员及各生产班组都负有各自的成本控制责任，统一领导和分级管理相结合，是正确处理企业内部各方面关系的良好形式，也是成本费用控制的基本原则。根据统一领导和分级管理的原则，要求在施工企业实行目标成本控制方法。企业应制定切合实际的成本费用目标，并将其层层分解落实到各部门、各基层单位和各岗位，从而明确各部门、各基层单位和各岗位对于成本费用管理的权限和责任以及相应的经济利益，充分调动各方面的积极性，实施全过程、全员的成本费用控制，做到成本费用发生到哪里就由哪里负责。各部门、单位、班组在肩负成本控制责任的同时，还应该享有成本控制的权利，即在规定的权力范围内可以决定某项费用能否开支、如何开支、开支多少，以行使对项目成本的实质性管理。最后，项目经理还要对各部门、各单位、各班组在成本控制中的工作实际进行定期检查和考评，并与工资分配紧密挂钩，实行有奖有罚。

### (五) 目标成本控制原则

施工项目成本的目标控制是在项目施工过程中，贯彻执行计划成本的一种方法。它把计划的原则要求、任务、目的和措施等逐一加以分解，提出具体要求等，并进一步落实到执行部门、班组直至个人，完成目标管理的"计划—实施—检查—评价"循环，即目标的设定和分解、目标的责任到位和执行、检查目标的执行结果、评价目标和修正目标。

## 三、项目成本控制的种类

本书研究者可以根据项目控制的对象不同、目标不同、范围和重点不同，以及所运用的控制方式和类型也有所不同，按照不同的角度、不同的标准可以划分为不同类型。或按照纠正措施的环节和信息性质的不同，可以把控制分为前馈控制、现场控制、反馈控制和动态控制。[1]

### (一) 前馈控制

前馈控制，又称预先控制或预防控制，采取前馈控制可以收到较好的效果，可以在一定程度上减少由于时滞作用带来的损失。前馈控制的纠偏措施往往是预防式的，作用在计划执行过程的输入环节上。也就是说，是控制原因而不是控制结果，它的关键是要求对系统的偏差及其产生原因进行准确预测。可以想象，前馈控制系统是相当复杂的，因为它不仅以系统的输入或主要干扰的变化信息作为输入信息，再将这些信息输入各种影响计划执行的变量，还要输入影响这些变量的各种因素，

---

① 谷菲菲 . 建筑工程项目成本控制研究 [J]. 管理观察，2019(23)：26-28.

同时还必须注意一些意外的和无法预期的干扰因素。但是，所有这些并不妨碍前馈控制的日益广泛的应用。

### (二) 现场控制

现场控制是指工作在进行的过程中进行控制。这类控制工作的纠偏措施作用于正在进行的计划执行过程中。现场控制具有指导职能，有助于提高对管理人员的工作能力和自我控制能力。它一般都在工作地点进行，管理者亲临现场观察就是一种最常见的现场控制活动，它是一种主要为基层管理人员所采取的控制工作方法。管理人员通过深入现场加以检查、指导和控制下属人员的活动。在项目成本控制工作中，它是指为保证目标的实现，发现与标准不合的偏差时，立即采取纠正措施。

### (三) 反馈控制

反馈控制是控制工作的主要方式。它是以系统输出的变化信息作为馈入信息，其目的是防止已发生和即将出现的偏差继续发生和再度发生。控制系统是通过信息反馈和行动来调节的，为保证系统的稳定性，反馈调节的速度必须大于控制对象的变化速度，反馈控制才可以正常发挥作用。但是，在项目建设过程中，由于各个项目情况千差万别，即便是可以得到实时信息也不可能做到实时控制。

这是一种事后控制，人们可以借助事后控制认识组织活动的特点及规律，为进一步实施前馈控制和现场控制创造条件，实现控制工作的良性循环，并在不断循环的过程中提高控制效果。

### (四) 动态控制

在工程项目的实施过程中，动态控制通过对过程、目标和活动的跟踪，全面、及时、准确掌握信息，将实际目标值和项目建设状况与计划目标和状况进行对比，如果偏离了计划和标准的要求，就采取措施加以纠正，以便使计划目标得以实现。

动态控制工作贯穿于工程项目的整个过程。动态控制是开展工程建设活动时采用的基本方法。这是一个不断循环的过程，直至项目建成交付使用。动态控制在目标规划的基础上针对各级分目标实施的控制，以期达到计划中目标的实现。整个动态控制过程都是按事先安排的计划来进行的。一项好的计划应当首先是可行、合理的，其次还要经过可行性分析来保证计划在技术可行、资源上可行、财务上可行、经济上合理。同时，要通过反复必要的完善过程力求达到优化的程度。[1]

---

[1] 葛静萍.基于建筑施工项目成本控制问题研究 [J].中国建筑金属结构, 2019 (23): 192.

## 四、项目成本控制的对象

### (一) 以施工项目成本形成的过程作为控制对象

根据对项目成本实行全面、全过程控制的要求，具体的控制内容包括：第一，在工程投标阶段，应根据工程概况和招标文件，进行项目成本的预测，提出投标决策意见。第二，在施工准备阶段，要坚持专家治理的方针，制定优秀的施工组织方案。要阅读、审核好标书和图纸，搞好一类变更。第三，在施工阶段，依据施工图预算、施工预算、劳动定额、材料消耗定额和费用开支标准等，对实际发生的成本费用进行控制。第四，竣工交付使用及保修期阶段，应对竣工验收费用和保修费用进行分解，列出支出、回收计划，使成本从始至终得到控制。

### (二) 以施工项目的职能部门、施工队和生产班组作为成本控制对象

成本控制的具体内容是日常发生的各种费用和损失。这些费用和损失都发生在各个部门、施工队和生产班组。因此，应以部门、施工队和班组作为成本控制对象，使之接受项目经理和企业有关部门的指导、监督、检查和考评。同时，项目部的职能部门、施工队和班组还应对自己承担的责任成本进行自我控制。应该说，这是最直接、最有效的项目成本控制。

### (三) 以分部分项工程作为项目成本控制对象

为了把成本控制工作做得扎实、细致，落到实处，还应以分部分项工程作为项目成本的控制对象。在正常情况下，项目应该根据分部分项工程的实物量，参照施工预算定额，联系项目管理的技术素质、业务素质和技术组织措施的节约计划，编制包括工、料、机消耗数量、单价、金额在内的施工预算，作为对分部分项工程成本进行控制的依据。[①] 目前，边设计、边施工的项目比较多，不可能在开工以前一次编出整个项目的施工预算，但可根据出图情况，编制分阶段的施工预算。总的来说，不论是完整的施工预算，还是分阶段的施工预算，都是进行项目成本控制的必不可少的依据。

### (四) 以对外经济合同作为成本控制对象

在社会主义市场经济体制下，施工项目的对外经济业务，都要以经济合同为纽

---

① 薛有奎，吴维峰. 成本控制——施工项目成本管理的关键 [J]. 潍坊教育学院学报，2008(01)：104-106.

带，明确双方的权利和义务。在签订上述经济合同时，除了要根据业务要求规定时间、质量、结算方式和违约奖罚等条款外，还必须强调要将合同的数量、单价、金额控制在预算收入以内。因为，合同金额超过预算收入，就意味着成本亏损；反之，就是盈利。

## 五、项目成本控制的方法

进入 21 世纪，我国的建筑市场步入全面开放阶段，市政工程项目也逐渐由政府指令性项目变为开放式的竞争产业，这种转变使得市场竞争更加激烈，施工企业必须以管理为中心，提高工程质量，保证进度，降低工程成本，提高经济效益，只有在对工程项目的安全、质量、工期保证的情况下，严格控制工程成本，争取降低工程成本，才能使建筑施工企业在市场竞争中立于不败之地。

### (一) 挣值法

挣值法最早于 20 世纪 70 年代由美国国防部提出，最先应用于国防和核工业中，进而推广到其他行业的项目管理之中，国外学者对挣值法有着持续性的研究。挣值原理就是利用同一时刻的挣值与预计值和实际值的差异，表示出费用和进度分别与计划值的差异，以说明费用超支还是节约，进度是提前还是延后。

挣值原理要求在质量合乎要求 (而非最好) 的前提下，记录项目的费用与进度信息并对这些信息进行分析处理，找出与既定目标 (控制基准) 的偏差，再把这些偏差作为反馈进行控制，以保证预期目标得以实现。挣值原理的整个运用过程就是现代系统论、控制论、信息论在项目控制上的集中体现，也是现代管理技术和计算机应用的结合。

### (二) 内部控制法

内部控制是指为了保证施工过程活动的有效进行和防范错误的发生，项目施工企业制定和实施的一系列政策与法规。所谓内控法，就是指在内部控制的原则基础之上，运用其内在的相互制约机制对项目施工的全过程实施控制，从而使得项目施工过程中的各项活动能在预定轨道上有序执行，进而达到预期目标的一种方法。

### (三) 目标成本法

目标成本是企业根据产品质量、性能和用户所能接受的价格及企业所能接受的目标利润确定的企业在一定时期内应该达到的成本水平。

目标成本法是目标管理的原则和方法在成本控制中的运用，是首先制定最终目标，然后根据目标对成本进行控制的一种方法。目标成本法以目标成本为依据，对其进行分解，然后运用控制和考核手段对企业生产经营活动的整个流程实行全面的监控，以期达到既定经济效益的一种科学有效的方法。

施工项目目标成本管理是从工程项目中标开始，即处于目标锁定状态，工程施工的一切活动都以目标为导向，而工程施工的最终结果也是以完成目标的程度来评价。其目的在于从企业内部挖掘潜力、节约资源、降低消耗和增加效益，使广大员工增强成本意识，充分发挥积极性、主动性、创造性，为增强企业竞争力、提高企业经济效益做出贡献。

施工项目目标成本控制过程主要分为六大步骤：目标成本的制定、目标成本的分解、目标成本的监控、目标成本的核算、目标成本的分析以及目标成本的考核。

### (四)责任成本法

工程项目责任成本是按照项目责任者的可控程度归依的应由责任者所负担的成本，且在特定的时期及特定责任中心的责任人可以计量、掌握其责任成本发展变化的情况，并可以及时对责任成本进行相应的调节。构成责任成本的要素有直接费和间接费。责任成本划清了项目成本的各种经济责任，是加强工程项目管理的一种科学方法。

工程项目责任成本管理是按照项目的经济责任制要求，在企业内部建立若干责任中心，可分为成本中心、利润中心和投资中心。在项目组织系统内部的各个责任层次，落实项目的全面成本，形成各个项目组织的成本责任，在项目实施全过程管理由各个责任层次及时主动检查实际成本与目标成本的偏差，及时采取措施减小偏差，从而实现对成本的全员、全方位、全过程的控制。

### (五)偏差分析法

偏差分析可以采用不同的方法，常用的有表格法、横道图法和曲线法。

1. 表格法

表格法是进行进度偏差分析最常用的一种方法。它将项目编码、名称、各施工成本参数以及施工成本偏差数综合归入一张表格当中，可以直接在表格中比较。各偏差参数都一一列于表格中，使施工成本管理者能综合全面地了解并处理这些数据。

2. 横道图法

横道图法进行施工成本偏差分析，是用不同的横道标识已完工程计划施工成本、拟完工程计划施工成本和已完工程实际施工成本，横道的长度与其金额成正比。横道图可以形象、直观、一目了然地看出具体的施工进度，它能够准确表达出施工成本的绝对偏差，而且能一眼感受到偏差的严重性。但是它也有一定的弊端，就是反映的信息量比较少，一般在项目的较高管理层才应用。

3. 曲线法

曲线法是用施工成本累计曲线来进行施工成本偏差分析的一种方法。用曲线法进行偏差分析具有形象、直观的特点，但是这种方法难以进行定量分析，一般只能进行定性分析。

# 第二节　市政工程施工项目成本控制的特点

## 一、市政工程施工项目成本控制特点

市政工程建设项目除了具有一般工程项目的特点外，还具有自身的独特特点，这主要是由市政工程本身的特殊性和外部环境的特殊性造成的。

### (一) 协调关系多

市政工程项目种类繁多，包括城市道路与桥梁、城市给排水、防洪、污水处理、城市供热、燃气、隧道、地铁、路灯、园林绿化等工程。在一项市政工程中往往会有很多种类的施工项目，因此，市政工程施工项目的成本控制是一项复杂的系统工程，对施工单位的要求也很高。

另外，参加项目实施的单位多，涉及道路、排水、桥梁、照明电器、绿化及供水、供电、电信等工程，需要跨行业跨部门协调。项目各参加者由于自己的利益，容易造成各单位在目标、时间、空间上协调困难或分离，项目参加者的疏忽、失误不仅会影响自己所承担的工作，而且会使项目实施过程中断或受到干扰，这些都会对项目成本造成影响。

### (二) 施工难度大

市政工程与公众的日常生活密切相关，市政工程是改善居民外部条件和居住环境的建筑物。然而，市政工程大多处于城市闹区，施工必然会对周围群众的出行及休息带来一定影响，封闭施工的难度比较大，因此，在施工中对便民和安全文明施工的要求比较高。

### (三) 外部环境的特殊性

市政工程多为政府工程，领导意识影响很大，一般工期要求比较紧，在施工中常出现工期不断压缩的现象。另外，市政工程事关群众生活质量和城市形象的提升，一般对安全、质量及工期的要求较严格，很多重点工程都要求达到创优标准。

市政工程多在露天环境下施工，一般施工战线比较长，受天气条件影响比较大，一旦出现长时间的雨雪天气，将会给施工带来很大影响，导致工期延误，增加施工成本。

目前的市政工程大多是旧工程拆迁与新工程施工同时进行。开工时拆迁（房屋、树木、地上地下管线等）及征地不到位，难以组织均衡施工，导致成本增加。

市政工程一般为地方财政投资，资金相对紧张，垫资情况很多，而且施工单位的中标价格都比较低。

### (四) 不可预见的因素

市政工程多为旧路改造，地下隐藏部分（如地下管线和地质情况）在设计和招标阶段很多都不明确，大多在开挖后才能表现出来。

受周边环境的影响，工程项目很多时候都无法按照施工原计划进行，需要进行现场确定，这些情况都会形成变更。

### (五) 成本变动大

市政工程由于以上特点，给施工造成了很多不便和不确定，使得施工单位用于项目资源的投入也无法准确按照原计划投入，造成成本的不断变化。

市政工程成本组成是个变值，只有当工程全部竣工并交付使用后，成本值才能核算出来，核算出的成本值主要由四大块组成：原材料的成本、机械设备的使用费、施工人员的人工费、管理费及税费等。据有关统计结果显示：原材料的成本占到总施工成本的 60% ~ 70%，机械设备的使用费占总施工成本的 20% ~ 70%，施工人员的人工费、管理费及税费占总施工成本的 10% ~ 15%。

## 二、影响市政工程成本控制的主要因素

### (一) 成本构成因素

项目施工成本中的人工费、材料费以及机械费，在不同的时间和地点都会发生变化，项目成本的其他直接费和间接费也会随着施工条件的变化而变化，从而可能造成直接成本和间接成本的增加或减少。

第一，人工成本包括两大部分，一是企业职工工资、养老保险等费用的支出；二是临时工和农民工工资的支出。由于城市建设的周期性大，市政施工企业每年的

施工任务有很大波动，而施工过程中雇用的临时工和农民工是施工项目成本构成的重要一部分，如果施工组织安排不合理，就会导致窝工、费工等情况的出现，另外，此类用工的单位工资也是变量的，这些都会影响到工程施工成本。

第二，材料费成本的变化主要有两种情况，一是材料的数量，在施工过程中，由于管理失控，变更较多引起材料的数量的变化，数量多为增加，使得材料实际耗费的数量与材料计划耗费数量相比变化较大。二是材料价格的变化，一方面由于市场的原因，导致材料价格的波动，另一方面由于企业管理体制的原因，材料采购机制的不完善导致的材料价格过高，从而影响到材料成本的变化。[①]

第三，机械使用费成本的增加，主要是由于对机械的配备、调配不合理，导致机械使用的闲置、浪费等现象的发生。另外，外部机械租赁市场的价格也会影响到施工成本。对于市政工程来说，由于施工种类较多，很少有一家施工企业能够具备施工所需的全部机械设备，在这种情况下，大多数施工企业一般都会到外部租赁市场租借机械以满足施工需要。

第四，工程其他直接费、间接费和现场经费成本。这部分费用有的属于固定成本，有的属于变动成本，有的属于混合成本，难以控制。对于市政工程，这部分费用在施工中会经常发生变化，如其他直接费中的冬雨季施工增加费、夜间施工增加费会因为天气的变化和工期的改变而改变。

### (二) 施工方案因素

施工方案是一个综合的、全面分析和对比的决策过程。施工方案包括施工方法、施工顺序、作业组织形式、投入项目生产要素的组合以及降低成本、提高工程质量、加快工程速度、保证施工安全、三新技术的应用等各种技术措施。施工方案的优劣直接影响到工程质量、工期和成本。好的施工方案不仅可以加快进度、提高质量，还可以节约人工、材料和施工机械台班。

市政工程项目由于施工周边环境复杂，不可预见的因素多，因此，在编制施工方案的时候一定要进行细致周密的规划安排，可根据工程的特点多编制几套施工方案，然后对各方案进行比选，选择最优方案。也可根据项目各自的特点，编制专项施工方案，如土方开挖工程、脚手架工程、拆除、爆破工程等风险性较大的工程立专项的方案，将风险和损失降低到最低，使施工企业获得最大利润。同时还需要合理地调配施工机械，以减少机械的闲置，提高机械设备的使用效率。

---

① 程乐.影响工程造价预结算的主要因素及成本控制方法初探 [J].建材与装饰，2019 (29)：188-189.

### (三) 变更因素

变更指的是合同变更，它包括工程设计变更、施工方法变更、工程量的增减等。设计变更通常发生在施工过程中，是计划成本中未经分析和安排的。一旦发生，从时间到实施控制都会有调整过程，造成一些人工、材料和设备的浪费。所以设计变更应尽量提前，其发生得越早，损失越小。

对于市政建设项目实施过程来说，变更是客观存在的，比如不可预见的情况导致工程量及设计的变更、天气变化导致的工期延误等，这些都会影响到项目成本，这是由市政工程的特点决定的。特别是当工程量变化比较大时，可能会导致施工现场的人员不足、现场施工机械设备失调、工程量的增加等，遇到这种情况成本将会增加。反之，若工程项目被取消或工程量大减，又势必会引起项目部原有工人和机械设备的窝工和闲置，造成资源浪费，导致项目的亏损。可见，对市政工程来说，变更是造成项目成本变化的重要因素。

因此，勘察单位应在项目前期做好地质勘查工作，设计单位应在设计期间尽量考虑全面，施工单位应根据经验尽量在前期做好准备，只有各个阶段都做到了严谨，尽量减少施工过程中的变更数量，才能达到控制项目成本的目的。

### (四) 政策性因素

由于市政行业推行招标投标制时间相对较短，目前的工程投标报价仍然是以施工图预算为基础编制的，其依据的定额是造价管理部门按照编制定额年社会平均消耗水平确定的，如何调整价格水平的政策性规定都会直接影响企业施工成本和所获利润。在发展市场经济的今天，建筑业仍需国家在一定程度上给予指导和扶持，才能逐渐与国际惯例接轨。

政府作为市政工程的投资主体，使得市政工程带有明显的政策性。工期的不合理压缩、工程量的突然增加、设计的主观变更等都直接或间接影响着施工项目成本的增加，使成本控制的难度加大。

由于市政建设市场竞争越来越激烈，建设单位中标标准也在不断变化，为了能够中标，各投标单位竞相压低报价。对施工企业来说，低于成本价中标，不仅会给企业和项目带来严重亏损，还会影响工程质量。

### (五) 管理因素

管理因素包括企业管理因素和项目部管理因素。项目部管理是影响工程项目成本最复杂的因素，也是最基本、最直接的因素。它包括对人工费、材料费、机械费、现场经费及其他直接费的管理，同时也包括对生产一线的施工员、技术员、材料员、资料员、安全员、质检员、班组长及操作工人的管理。在这些人员及费用中有一项不到位，都会造成工程项目成本的增加，目前市政施工企业的工程项目管理模式大多不规范，有的是完全承包，有的是"大锅饭"模式。完全承包会导致公司对项目部的失控，"大锅饭"则会使项目部没有工作的积极性。因此，要制定一套适合市政施工企业的项目管理办法，做到既能有效控制又能调动项目部的积极性。

# 第三节　市政工程项目成本控制责任体系的建立

## 一、市政工程项目全过程成本控制

项目管理是一次性行为，它的管理对象只有一个工程项目，且随着工程项目建设的完成而结束其历史使命。施工项目成本控制的目的在于降低项目成本、提高经济效益，因此，要真正使项目成本达到目标要求，就必须在项目实施的各个阶段，做好项目成本控制。

### (一) 招投标阶段的控制

招投标阶段是市政项目的初级阶段，可以分为招标阶段的控制和中标后的控制阶段。

1. 招标阶段的控制

根据建设单位提供的工程概况和招标文件，认真对工程项目进行研究以及成本的估算，提出投标的决策意见。

2. 中标后的控制

中标后应根据项目的建设规模，组建与之相适应的项目经理部，同时以标书为依据确定项目的成本目标，并下达给项目经理部。

### (二) 施工准备阶段的控制

首先，施工准备阶段的控制阶段要根据设计图纸和有关技术资料，对施工方法、施工顺序、作业组织形式、机械设备选型、技术组织措施等进行认真的研究分析，并运用价值工程原理，制定出科学先进、经济合理的施工方案。

其次，根据企业下达的成本目标，以分部分项工程实物工程量为基础，联系劳动定额、材料消耗定额和技术组织措施的节约计划，在优化的施工方案的指导下，编制明细而具体的成本计划，并按照部门、施工队和班组的分工进行分解，作为部门、施工队和班组的责任成本落实下去，为今后的成本控制做好准备。

最后，还应完成间接费用预算的编制及落实。根据项目建设时间的长短和参加建设人数的多少，编制间接费用预算，并对上述预算进行明细分解，以项目经理部有关部门（或业务人员）责任成本的形式落实下去，为今后的成本控制和绩效考评提供依据。

### (三) 施工阶段的控制

在施工过程中应加强施工任务单和限额领料单的管理，特别是要做好每一个分部分项工程完成后的验收，以及实耗人工、实耗材料的数量核对，以保证施工任务单和限额领料单的结算资料绝对准确，为成本控制提供真实可靠的数据。同时，要将施工任务单和限额领料单的结算资料与施工预算进行核对，计算分部分项工程的成本差异，分析差异产生的原因，并采取有效的纠偏措施。做好月度成本原始资料的收集和整理，正确计算月度成本，分析月度预算成本与实际成本的差异。并在月度成本核算的基础上，实行责任成本核算，以及经常检查对外经济合同的履约情况，为顺利施工提供物质保证。定期检查各责任部门和责任者的成本控制情况，检查成本控制责、权、利的落实情况。

### (四) 竣工验收阶段的成本控制

项目结束后，认真仔细地完成工程竣工扫尾工作。即使办理工程结算，在工程保修期间，也应由项目经理指定保修工作的责任制，并责成保修责任者根据实际情况提出保修计划（包括费用计划），以此作为控制保修费用的依据。

## 二、成本控制责任体系

### (一) 建立项目成本控制责任制

项目管理人员的成本责任，不同于工作责任。有时工作责任已完成，甚至还完成得相当出色，但成本责任却没有完成。例如，项目工程师贯彻工程技术规范认真负责，对保证工程质量起到了积极的作用，但往往强调了质量而忽视了节约，影响了成本。又如，材料员采购及时、供应到位、配合施工得力，值得赞扬，但在材料采购时就远不就近、就次不就好、就高不就低，既增加了采购成本，又不利于工程质量。因此，应该在原有职责分工的基础上，还要进一步明确成本控制责任，使每一个项目管理人员都有这样的认识，在完成工作责任的同时还要为降低成本精打细算，为节约成本开支严格把关。这里所说的成本控制责任制是指各项目管理人员在日常业务中对成本控制应尽的责任。要求根据实际整理成文，并作为一种制度加以贯彻。[①] 具体说明如下：

1. 合同预算员的成本控制责任

根据合同内容、预算定额和有关规定，充分利用有利因素，编好施工图预算，为增收节支把好第一关；深入研究合同规定的开口项目，在有关项目管理人员（如项目工程师、材料员等）的配合下，努力增加工程收入；收集工程变更资料（包括工程变更通知单、技术核定单和按实结算的资料等），及时办理增加账，保证工程收入，及时收回垫付的资金；参与对外经济合同的谈判和决策，以施工图预算和增加账为依据，严格控制经济合同的数量、单价和金额，切实做到"以收定支"。

2. 工程技术人员的成本控制责任

根据施工现场的实际情况，合理规划施工现场平面布置包括机械布局，材料、构件的堆放场地，车辆进出现场的运输道路，临时设施的搭建数量和标准等，为文明施工、减少浪费创造条件；严格执行工程技术规范和以预防为主的方针，确保工程质量，减少零星修补，消灭质量事故，不断降低质量成本；根据工程特点和设计要求，运用自身技术优势，采取实用、有效的技术组织措施和合理化建议，走技术与经济相结合的道路，为提高项目经济效益开拓新的途径；严格执行安全操作规程，减少一般安全事故，消灭重大人身伤亡事故和设备事故，确保安全生产，将事故损失减少到最低程度。

3. 材料人员的成本控制责任

材料采购和构件加工，要选择质高、价低、运距短的供应（加工）单位。对到场的材料、构件要正确计量、认真验收，如遇到质差、量不足的情况，要进行索赔。切实做到降低材料、构件的采购（加工）成本和减少采购（加工）过程中的管理损耗，为降低材料成本走好第一步；根据项目施工的计划进度，及时组织材料、构件的供应，保证项目施工的顺利进行，防止因停工待料造成损失。在构件加工的过程中，要按照施工顺序组织配套供应，以免因规格不齐造成施工间隙，浪费时间、人力；在施工过程中，严格执行限额领料制度，控制材料消耗；同时，还要做好余料的回收和利用，为考核材料的实际消耗水平提供正确的数据；钢管脚手和钢模板等周转材料，进出现场都要认真清点，正确核实并减少赔损数量；使用以后，要及时回收、整理、堆放并及时退场，既可节省租费，又有利于场地整洁，还可加速周转，提高利用效率；根据施工生产的需要，合理安排材料储备，减少资金占用，提高资金利

---

① 赵蕴林，陈果. 建设施工项目责任成本控制探讨 [J]. 建筑经济，2008(08)：117-119.

用效率。

4.机械管理人员的成本控制责任

根据工程特点和施工方案，合理选择机械的型号规格，充分发挥机械的效能，节约机械费用；根据施工需要，合理安排机械施工，提高机械利用率，减少机械费用成本；严格执行机械维修保养制度，加强平时的机械维修保养，保证机械完好，随时都能保持良好的状态在施工中正常运转，为提高机械作业效率、减轻劳动强度、加快施工进度发挥作用。

5.行政管理人员的成本控制责任

根据施工生产的需要和项目经理的意图，合理安排项目管理人员和后勤服务人员，节约工资性支出；具体执行费用开支标准和有关财务制度，控制非生产性开支；管好行政办公用的财产物资，防止损坏和流失；安排好生活后勤服务，在勤俭节约的前提下，满足职工群众的生活需要，安心为前方生产出力。

6.财务管理人员的成本控制责任

按照成本开支范围、费用开支标准和有关财务制度，严格审核各项成本费用，控制成本支出；建立天、周、月度财务收支计划制度，根据施工生产的需要，平衡调度资金，通过控制资金使用，达到控制成本的目的；建立辅助记录，及时向项目经理和有关项目管理人员反馈信息，以便对资源消耗进行有效的控制；开展成本分析，特别是分部分项工程成本分析、月（周）度成本综合分析和针对特定问题的专题分析，要做到及时向项目经理和有关项目管理人员反映情况，提出问题和解决问题的建议，以便采取针对性的措施来纠正项目成本的偏差；在项目经理的领导下，协助项目经理检查、考核各部门、各单位乃至班组责任成本的执行情况，落实责、权、利相结合的有关规定。

### (二) 施工队分包成本控制的责任制

在管理层与劳务层两层分离的条件下，项目经理部与施工队之间需要通过劳务合同建立发包与承包关系。在合同履行过程中，项目经理部有权对施工队的进度、质量、安全和现场管理标准进行监督，同时按合同规定支付劳务费用。至于施工队成本的节约或超支，属于施工队自身的管理范畴，项目经理部无权过问，也不应该过问。对施工队分包成本的控制，具体指以下内容：

1.工程量和劳动定额的控制

项目经理部与施工队的发包和承包，是以实物工程量和劳动定额为依据的。在实际施工中，由于用户需要，往往会发生工程设计和施工工艺的变更，使工程数量和劳动定额与劳务合同互有出入，需要按实际调整承包金额。对于上述变更事项，一定要强调事先的技术签证，在严格控制合同金额增加的同时，还要根据劳务费用增加的内容，及时办理增减账，以便通过工程款结算，从甲方那里取得补偿。

2.估点工的控制

由于建筑施工的特点，施工现场经常会有一些零星任务出现，需要施工队去完成。而这些零星任务，都是事先无法预见的，只能在劳务合同规定的定额用工以外另行估工，这就会增加相应的劳务费用支出。为了控制估点工的数量和费用，可以采取以下方法：一是对工作量比较大的任务工作，通过领导、技术人员和生产骨干三者结合讨论确定估工定额，使估点工的数量控制在估工定额的范围以内；二是按定额用工的一定比例（5%～10%）由施工队包干，并在劳务合同中明确规定。一般情况下，应以第二种方法为主。

3.坚持奖罚分明的原则

实践证明，项目建设的速度、质量、效益，在很大程度上取决于施工队的素质及其在施工中的具体表现。因此，项目经理部除要对施工队加强管理以外，还要根据施工队完成施工任务的业绩，对照劳务合同规定的标准，认真考核，分清优劣，有奖有罚。在掌握奖罚尺度时，首先要以奖励为主，以激励施工队的生产积极性；但对达不到工期、质量等要求的情况，也要照章罚款并赔偿损失。这是一件事情的两个方面，必须以事实为依据，才能收到相辅相成的效果。

可见，施工任务单和限额领料单是项目控制中最基本、最扎实的基础控制，它不仅能控制生产班组的责任成本，还能使项目建设的快速、优质、高效建立在坚实的基础之上。

# 第四节　市政工程项目施工成本控制案例分析

## 一、工程项目概述

本工程项目设计内容包括 X 道路的道路、排水、管线综合、绿化、亮化、交通设施等内容。该道路行车道设计路幅宽为：10m（绿化控制）+3.5m（人行道）+2.5m（非机动车道）+10.5m（机动车道）+3.0m（绿化带）+10.5m（机动车道）+2.5m（非机动车道）+3.5m（人行道）+10m（绿化控制）=56.0m。

## 二、分部分项工程施工工艺

### (一) 道路工程施工工艺

X 道路的车行道路面结构设计采用 5.0cm 厚断级配橡胶沥青混合料 +7.0cm 厚粗粒式沥青混凝土 +0.6cm 厚稀浆封层 +20cm 厚水泥稳定砂砾 (抗压强度 ≥ 3.0MPa) +25cm 厚水泥稳定砂砾 (抗压强度 ≥ 2.0 MPa) 的结构形式, 设计总厚度为 57.6cm。

道路施工工艺流程: 第一, 路槽开挖 (废料外运, 运距暂按 20km 考虑); 第二, 道路碾压; 第三, 水泥稳定砂砾基层; 第四, 透层; 第五, 路面面层。

### (二) 人行道施工工艺

此项目人行道采用 6cm 厚透水砖 +3cm 厚中砂垫层 +15cm 厚 C15 水泥砼; 人行道外侧均为 22cm × 12cm 麻石锁边石。

人行道工程施工工艺流程: 第一, 路槽开挖 (废料外运, 运距暂按 20km 考虑); 第二, 15cm 厚水泥混凝土; 第三, 3cm 厚中砂层; 第四, 6cm 厚透水砖。

麻石锁边石施工工艺流程: 第一, 沟槽开挖; 第二, 锁边石按砌; 第三, 锁边石勾缝; 第四, 锁边石稳固。

### (三) 排水工程施工工艺

市政工程排水主要包括雨水和污水, 现在城市建设中要求雨污分流, 也就是说雨水和污水是两条独立的排水系统。其中 X 道路 A 段, 排水自东向西排放, 雨水管管径为 d600, 坡度 I=1.2%, 管长 160m; 污水管管径为 d400, 坡度 I=0.6%, 管长 313m; 该道路 B 段, 排水自西向东排放, 雨水管管径为 d1200, 坡度 I=0.9%, 管长 338m; 污水管管径为 d500, 坡度 I=0.9%, 管长 332m; X 道路 C 段, 排水自西向东排放, 雨水管管径为 d2000, 坡度 I=0.9%, 管长 312m; 污水管管径为 d500, 坡度 I=0.9%, 管长 313m。

本工程的排水管管径 > d800 时采用钢筋混凝土管; 管径 ≤ d800 时采用高密度聚乙烯 (HDPE) 塑料管。雨水口随雨水检查雨水井的布设。道路坡度不小于 0.003 时, 检查井及雨水口布设间距为 40m, 道路坡度较小时, 布设间距按 20 ~ 25m 考虑。车道宽度大于 14m 的道路采用双箅雨水口, 车道宽度小于等于 14m 的采用单箅雨水口。

排水管道施工工艺流程为: 第一, 管道沟槽开挖; 第二, 管道基础制作; 第三, 管道铺设; 第四, 管道围管制作; 第五, 管道接口制作; 第六, 沟槽回填; 第七, 废土外运。

排水构造物施工工艺流程为：第一，基坑开挖；第二，基础制作；第三，井室砌筑及抹面；第四，铁件安装；第五，井盖安装；第六，沟槽回填；第七，废土外运。

由于篇幅的限制和便于问题的论述，本次案例只选择排水工程为例展开详细分析和论述。

## 三、排水分项工程各阶段成本控制

### (一) 施工准备阶段

1.设计交底和建立项目成本管理小组

在施工前，由设计单位向施工单位进行技术交底。在施工单位内部，建立项目成本管理小组，形成以项目经理为核心的责任主体。

2.优选施工方案

根据图纸、招标文件及现场实际情况，制定几种施工方案，进行方案比选，选择最优方案作为本项目的施工方案。

3.成本计划的编制

项目部在仔细做了单项报价的工料机分析并进行了市场价格摸底后，综合本项目部的管理费用，制定出内部成本目标，并编制工程费用及月度成本计划（如表4-1所示）。

表4-1　X道路工程排水管道分项工程目标成本对比表 (单位：元)

| 工程项目 | 投标报价 | 企业成本目标 | 项目部成本目标 | 盈亏 |
|---|---|---|---|---|
| d1200排水管雨水排水管道工程 | 384602.19 | 335729.00 | 314328.00 | 21401.00 |

4.项目成本目标的分解

项目成本管理小组按照工程项目的成本费用构成对施工工序和工程进度进行分解，对成本支出构成比重大的和可控制的成本进行重点分析，制定相适应的目标成本和对策措施。然后层层分解目标成本，将目标成本责任落实到项目部的每个岗位和人员，形成全员参与、全员负责的成本控制状态。[1]

---

① 赵蕴林，陈果.建设施工项目责任成本控制探讨 [J].建筑经济，2008(08)：117-119.

## (二) 施工阶段

### 1. 项目成本的动态管理

做好月度成本原始资料的收集和整理。正确计算月度成本，分析月度目标成本与实际成本的差异，排水、排污管道沟槽开挖分项工程月份目标成本与实际成本的对比 (如表 4-2 所示)。对盈亏比例异常的分项工程进行重点分析，找出原因并及时纠正。

表 4-2　排水、排污管道沟槽开挖分项工程目标成本与实际成本对比表

| 成本项目 | 目标成本 | 实际成本 | 成本降低额 | 盈亏 (+/−) |
|---|---|---|---|---|
| 人工费 | 141334.09 | 13692.71 | 5241.38 | + |
| 材料费 | 137746.80 | 133612.55 | 4134.25 | + |
| 机械使用费 | 132973.04 | 131000.24 | 1972.80 | + |
| 其他费用 | 16957.36 | 16334.36 | 623.00 | + |
| 合计 | 429011.29 | 417039.86 | 11971.43 | + |

排水、排污管道沟槽开挖分项工程月份施工成本分析：施工单位在选择劳务队伍时，没有采用口头承诺的方式，而是和劳务队伍签订了劳务用工协议。水泥、沙子、石子等大宗材料采用集中招标采购的方式，使得建材价格最后以水泥 365 元 / 吨、沙子 83.62 元 /m³、石子 101.12 元 /m³ 的固定价格签订，分别比市场价低了 15 元 / 吨、10 元 /m³、7 元 /m³，分别便宜了 1430.45 元、1215.4 元、1484.4 元；土方的开挖和外运采用了按实方计量的方式，比以往挖掘机按台班、自卸汽车按车数计算的方式便宜了大约 1972.8 元。其他费用中，由于招待费用确定了包干额度，使接待费用明显降低。按照造价比例分摊 6 月排水管道部分节约了 623 元，总计实际成本比目标成本降低了 11971.43 元。

### 2. 做好变更的签证工作

积极向业主提供施工方案，并应做好变更的签证工作。在施工过程中发现，部分路段由于地下管线众多，无法采用机械施工，只能使用人工开挖，成本增加很多。施工单位及时与监理和业主进行了沟通协商，最终同意按变更处理，此项价格也由原来的 6.336 元 /m³ 提高到 44.9 元 /m³，仅此一项变更就追加工程款 14227.50 元，实现利润 7245.40 元。

### 3. 新技术的采用

在施工过程中，会遇到各种问题。采用新技术、新材料、新产品，以及先进经

验，可以降低成本，提高利润。本工程在沟槽开挖后，出现大面积倾覆现象，如果采用超挖换填的方法，则会增加成本，还会延误工期。施工单位在仔细研究后，决定采用添加水泥硬化拌和后硬化基础的方案，不仅降低了工程成本，还缩短了处理翻浆的时间。

4. 定期检查

定期检查合同的履行情况，及时、准确、合理地展开索赔工作。

5. 强化管控

加强项目的质量控制、工期控制、安全文明控制，优化它们与成本控制的关系。

（三）竣工验收阶段

1. 按照合同规定进行验收

按照合同约定尽快做好竣工清理和交工验收工作，缩短扫尾时间，减少完工后的费用。

2. 及时申报准确的工程结算资料

及时整理工程变更和索赔资料，并完成全部工程结算资料的核对交付工作，确保工程结算资料的准确，没有疏漏。

3. 项目成本的核算与分析

项目的成本核算一般采用制造成本法。制造成本法，又叫不完全成本法，只将工程直接费（人工费、材料费、机械使用费）、工程其他直接费、制造费计入产品成本。

本工程在竣工核算时采用制造成本法，将实际成本与项目制定的目标成本进行对比（如表4-3所示）。

表4-3　实际成本与项目制定的目标成本对比

| 项目成本分类 | 项目目标成本 | 项目实际成本 | 盈亏（+/-） |
|---|---|---|---|
| 人工费 | 430050.20+6801.27+17424.00=454275.47 | 411349.25+5051.27+15840.00=432240.52 | + |
| 材料费 | 533366.08+2710.80=536046.88 | 501192.95+2530.08=503723.03 | + |
| 机械使用费 | 361441.30-1929.67=359511.63 | 349152.62-1640.22=347512.40 | + |
| 其他费用 | 50145.59+1800.00=51945.59 | 49772.33+600.00=50372.33 | + |
| 合计 | 1401779.57 | 1333848.28 | + |

项目成本的分析：人工费单价降低了4元，同时由于项目管理人员用工合理、监督到位，用工数量比成本目标少了30个；在进行混凝土搅拌和砂浆拌制时，严

格按照设计配合比进行，保证了水泥、混凝土和砂浆的质量，在采购中用集中采购的方法使得水泥、沙子、石子的价格都降低了；挖方和外运土方均按实量计算，成本比预期降低了；钢筋混凝土管道由于降低了损耗，比定额损耗减少了10m，多方询价使得管材价格由668元/m降到了658元/m；基地翻浆处理增加了工作量，共240m³，施工单位及时做了工程量和单价的签证，共增加造价9416.97元；部分路段由于地下管线较多，采用人工开挖的方式，增加造价14227.50元。综上合计共节约项目成本67931.29元。

## 四、项目成本控制采取的管理措施

### (一) 提高全面职工的成本意识

在工程项目中标之后，公司召开了市重点工程战前动员会议，与会人员主要是公司领导班子、机关部室负责人、实验室、中标分公司及项目部主要负责人。会议主要强调了施工好本项工程的重要意义，并安排了会后项目部针对性培训日程，其中包括成本控制培训。公司总经理反复强调在工程管理要逐步实现科学化、规范化，在创造社会效益的同时创造经济效益，为企业的发展做好准备。

同时，公司分别组织相关部门和人员进行了为期一周的项目管理和专业技能针对性培训，提高了职工的业务素质，丰富了项目管理人员的管理知识，加强了项目相关人员的成本管理意识，为项目成本管理做好了前期的思想准备。

### (二) 完善职能部门和规章制度

1. 进一步完善组织机构

在公司原有经营开发部、安全管理部、人力资源部、财务计划部、办公室的基础上，根据工程管理的需要增设工程管理部、机械管理部、审计部、人力资源部和实验室。在组织机构上形成管理体系，并进一步明确了各部室的管理职能和在工程管理和成本管理方面各部室职能要素。

（1）工程管理部

其主要负责工程项目目标的制定工作：负责与项目部《目标责任书》的签订与考核管理工作；负责施工现场工作环境及文明施工的监督、检查；工程质量、进度目标的控制与管理负责内部计量支付；负责工程技术支持与管理；负责工程的考核与管理负责项目资源监督与管理；负责工程分、转包的控制与管理；负责公司内部生产、工程项目内部结算；负责工程内部和外部竣工验收工作。

（2）机械管理部

其主要负责机械设备的组织和调配工作；负责审批各分公司设备、机具采购计划，并做好新采购设备的登记备案工作；负责机械设备的租赁登记备案（分公司项目部上报）和监督检查工作负责机械设备的正常使用的督察工作；负责施工设备的保养、维修状况的检查监督和登记备案工作；负责审批各分公司上报的机械设备的大修计划；负责审批各分公司上报的设备零配件的采购计划和库房检查工作；负责对机械设备的责任人和司机进行考核、管理工作。

（3）审计部

其主要负责工程项目成本分析；负责工程项目内部成本核算、成本指标的确定和审核结算；负责工程项目成本过程控制和管理；负责工程项目成本计划目标的考核管理；负责公司内部定额的编制；负责公司所有工程项目的对外结算工作。

（4）人力资源部

其主要负责临时工录用、调配工作负责职工培训及继续教育工作；负责绩效考核工作；负责劳务分包的考评和备案工作；负责机构部室及下属各分公司非生产性开支的检查与考核工作；负责公司机关办公用品的购置与发放工作。

（5）实验室

其主要负责道路和排水工程中成品、半成品及所用工程材料的质量检测；协助工程部做好工程的质量控制。

2. 成立成本管理小组

该工程项目部为加强成本控制成立了以项目经理为责任人的成本管理小组，项目部成员均为成本管理小组成员。成本管理小组负责项目成本计划的编制，成本目标的确定，成本目标的分解及责任落实，成本目标的动态监控、考核、分析及纠偏，成本目标的核算考核，并据实编制成本分析报告上报公司审核。

3. 完善公司规章制度

（1）及时补充规章制度

在原有规章制度的基础上补充制定了一系列规章制度，主要包括：关于机构设置的通知；关于公布机关各部室职责的通知；各部门工作程序；关于加强劳务分包、工程设备租赁、建材采购管理的规定；临时工用工管理规定；关于加强工程结算管理规定；关于报销发票的有关规定；关于进一步降低非生产性开支的通知，如《经营目标责任书》《工程项目管理目标责任书》《安全生产管理办法》《工作环境管理办法》《项目部岗位奖罚制度》等。

（2）加强公司文件的学习工作

即使有了规章制度，若职工和管理层不知道、不明白也是很难达到总公司加强管理的目的，为了使各项规章制度能够为广大职工所了解、能够如期地将各项制度落实下去，达到预期的效果，公司要求项目部以各部室为单位进行公司文件的学习并做学习笔记，办公室进行抽查。

公司在原有组织机构的基础上通过建立健全职能部室和相关规章制度，完善组织机构，明确各部室职能要素和职责，形成一个较健全的组织管理体系，使得成本控制有效运行有了组织和制度的保障。

### (三) 加强考核管理

为全面落实企业内部经营管理办法和工程项目管理办法，有效控制企业和项目成本，公司将成本责任层层落实到项目部、各岗位，落实到人，同时根据相关的奖惩管理办法，制定奖惩措施，并纳入考核管理，以便对成本进行全过程、全员管理、动态管理，形成一个分工明确、责任到人的成本管理体系，使降低成本成为每一个职工的自觉行动，考核管理实行日常检查和半年度考核相结合的动态考核方式进行。

1. 对项目部的考核

依据《经营目标责任书》《工程项目管理目标责任书》《安全生产管理办法》《工作环境管理办法》的规定对项目部及责任人进行考核管理。第一，公司成立考核领导小组，成员由公司班子、部室、各责任单位负责人组成，负责按照管理制度、日常考核结果和《经营目标责任书》对各责任单位进行考核。第二，考核内容：财务指标、经营目标等工作内容。第三，考核周期：对公司属各部室、责任单位的考核采取日常检查和定期考核相结合的动态考核方式进行。定期考核为月底考核和半年考核。第四，公司职能部室作为公司代表具体实施公司日常管理职能，主要对各项目部进行检查、监督和考核，项目部对公司职能部门的工作应给予全面配合。各职能部室针对施工的不同阶段，对各项工程管理目标进行对照检查并保持记录，定期考核时对历次检查资料和情况进行统计分析后上报考核小组，得出考核等级并形成文字资料，作为奖惩依据。第五，考核小组对公司属各部室采取定期考核的方式进行，考核内容为各部室的职能要素，考核结果作为奖惩依据。

2. 对个人的考核

首先，应依据《工程项目管理目标责任书》《安全生产管理办法》《工作环境管理办法》等规定和国家相关的技术规范，按照公司目标管理法的原则对个人进行考核管理。其次，应将考核结果按照责任划分落实岗位到人员，按照制定的奖惩标准进行奖惩，既调动了职工的工作积极性，又使得项目成本的发展受到层层管控，有力地保证了工程项目成本及其他控制目标的实现。

## 五、成本控制中应用的目标责任管理法

该项目重点应用了责任成本法和目标成本法作为成本控制，并将责任成本法与目标成本法相结合应用到项目实现管理创新。这是本项目管理的一个特色。通过运用科学的成本控制方法，成本控制实践得到了理论指导，使得工程项目成本控制更加科学规范、成本责任划分更加明确、成本目标动态监控更加到位，项目成本得到了有效的控制。

### (一) 责任成本法的应用

1. 各项目部建立责任成本管理组织机构

在项目部内部成立责任成本管理中心，项目经理是第一负责人。

2. 项目部应建立责任成本控制体系

项目部建立责任成本控制体系，划分各责任中心，根据企业施工项目的特点和需要，责任中心一般可划分为项目经理控制中心、物资保障中心、机械设备中心、劳务单价控制中心、方案及工程量控制中心、安全质量控制中心、测量保障中心、试验保障中心、间接费管理中心等。确立各中心负责人及成员，一个人可以同时是几个中心的成员。

3. 预算分割与工序评估

工序评估是依据与业主签订的 X 道路中标施工合同，在扣除税金、上交管理费和本级提留款之后进行的第二次预算分割。根据施工的每道工序，通过评估测算出每道工序人工、材料、机械的消耗额，并把这个消耗额作为工程队和班组的责任费用确定下来。

4. 职责界定

在工序评估的基础上，X 道路各项目部分别与所属的工程队签订工程合同，工程队与班组或个人签订劳动合同：按照工程施工合同的具体要求，实行层层承包。按照责任成本核算的具体内容、操作规程和定额标准，本着谁管谁负责的原则，积极落实成本控制岗位责任制，签订责任成本经济承包责任状。将成本管理的职责和降低成本的指标横向分解到职能部门，纵向分解落实到工程队、班组直到个人或每台机械在项目上下形成纵横交错的成本管理责任落实体系。

### (二) 目标成本法的应用

1. 编制成本计划，确定目标成本

X 道路综合改造工程中标后，公司和项目部分别进行了成本分析和市场价格的

调查，并根据投标报价，制订出各自的成本计划，确定了成本目标。

2. 目标成本的分解

目标成本确定之后，X道路项目部根据项目部的实际情况和X道路改造工程的成本构成情况，又将成本目标划分成若干小指标，按照工程成本费用即工程人工费、机械费、材料费及间接费用按照岗位分解到项目部各工作岗位，总公司则将分解目标落实到各机关部室，以便于成本控制的可操作性和可考核性，做到全员参与，全方位、全过程控制成本。①

3. 成本控制措施及过程监督

随着工程的进展，公司和项目部分别对成本的运行动态监控，将实际发生成本与计划成本进行对比，一旦发现成本出现偏差，及时分析原因并采取有效措施进行纠偏。

4. 成本核算

及时进行成本核算，并形成有效资料，以备进行成本分析及考核使用。

5. 成本分析

在过程控制中要进行成本的定期分析，主要是将实际成本与计划成本进行对比，找出差距和出现偏差的原因，有针对性地修订成本目标或采取纠偏措施，使工程成本始终沿着科学合理的目标运行。

6. 成本核算与奖惩

这是成本控制的最后一部分，项目部人员在工程伊始都缴纳了风险抵押金，应当在工程结束后，及时对成本的发生进行核算和考核，并据此对项目部人员进行奖惩。目标责任成本法的实施，改变了以往总公司对工程项目管理失控的局面，同时落实了企业各部门、岗位的责任，使得成本目标的实现得到了保障。

---

① 温素彬，屠后圆．目标成本法：解读与应用案例 [J]. 会计之友，2020(18)：150-155.

# 第五章　市政工程施工管理综合评价体系研究

## 第一节　模糊综合评价模型

### 一、模糊数学的发展

模糊数学是研究和处理模糊现象的数学，随着社会的发展，人们要求数学研究和解决的问题也日益复杂，复杂的事物是难以精确的，一个复杂的系统很难用精确的数学进行描述。例如，过去曾有人用微分方程去计算小麦的规律和进行气象预报，结果都失败了。这意味着对于一个复杂系统要建立精确的描述是不可能的。在数学研究进程中遇到的这些问题促使了模糊数学的诞生。1965年美国加利福尼亚大学查德教授发表了著名的论文——"模糊集合"，第一次提出了模糊性问题，给出了模糊的定量表示法，标志了模糊数学的诞生。

模糊数学虽然只有短短50多年的历史，但它打入了经典数学无力顾及的领域，大大拓宽了数学的应用范围，增强了数学的生命力。利用隶属函数可以建立反映模糊现象的数学模型。对于过去不能应用数学的一些学科应用模糊数学也取得了明显的效果。例如，通过模糊数学利用计算机进行诊病，有的疗效竟达97%，现在模糊数学应用的领域涉及语言、自动机械、系统工程、信息检索、自动控制、图像识别、故障诊断、逻辑决策、人工智能、生物、医学、社会学、心理学、拓扑网络等领域，它的应用之广泛已超出了许多应用数学的分支。①

### 二、模糊综合评价法简介

综合评价法是对多种因素所影响的事物或现象进行总的评价。它的基本思想是根据综合评价的目标，对客观事物的影响因素进行分解，以构造不同层次的统计指标体系，然后对这些指标进行指标赋值并确定其权重系数，最后采用综合评价模型进行综合，得到综合评价值，以此进行排序和评价。

指标赋值和指标权重系数的确定构成了综合评价方法的两大内容。在指标体系

---

① 吴可. 模糊数学的产生、发展和应用 [J]. 科技信息 (科学教研), 2007(29): 519.

构成以后，指标赋值用于将量纲不同、单位不一致、对总目标作用大小不一、不能直接相加的指标值过渡到可直接相加汇总的指标值。指标权重系数依据各层指标对总目标评价贡献份额的大小来确定。

模糊综合评价法是以模糊数学为基础，应用模糊关系合成的原理，将一些边界不清、不易定量的因素定量化、进行综合评价的一种方法。它属于若干种综合评价法中的一种。

模糊综合评价法通常采用多层次综合评判的原理，就是先要评判同一事物的多种因素，按某一属性分成若干大因素，然后对每一大因素进行初层次的单级模糊综合评价，在这个基础上再对初层次综合评判的结果进行高层次的多级模糊综合评判。

## 三、模糊单因素评价法

应用模糊综合评价模型对市政工程施工水平做出评价，第一步是对最底层的指标进行模糊单因素评价，然后再逐级往上进行准则层和目标层的模糊评价。在进行模糊单因素评价时，指标的模糊评价方法与指标的属性有关，不同的属性可以采用不同的方法。

### (一) 定性指标的模糊评价方法

定性指标具有一定的模糊性，对于该类指标，本模型采用等级比重法进行模糊评价。

设评价问卷的选项集合为 $G=\{g_1, g_2, g_3, g_4, g_5\}$。

分别对应评价等级集合 $V=\{v_1, v_2, \cdots, v_n\}=\{$ 优 $v_1$，良 $v_2$，中 $v_3$，差 $v_4$，劣 $v_5\}$ 和模糊子集 $E_1, E_2, E_3, E_4, E_5$。确定某评价对象 $Y_i$ 对 $E_j(j=1, 2, \cdots, 5)$ 的隶属度时，可让一批评价者 (共 $n$ 人) 分别给出对该问题的看法并统计结果。

其中 $n_1+n_2+n_3+n_4+n_5=n$，

用等级比重法确定隶属度时，为了保证可靠性，应注意以下两个问题：第一，评价者的人数不能太少，因为根据模糊统计试验，只有当试验次数 $n$ 充分大时，等级比重才趋于隶属度；第二，评价者必须对被评价的内容有相当程度的了解。

### (二) 定量指标的模糊评价方法

对于一些可以进行实测的定量指标，本模型采用数理统计法来确定。该方法是先划分指标值在不同等级的变化区间，然后以指标值的历史资料数据在各等级变化区间内出现的频率作为对各等级模糊子集的隶属度。[①] 设某一指标实测特征值所取的区间为 [a, c]，现把 [a, c] 平均分为五等分，即插入四个值 $b_1$、$b_2$、$b_3$、$b_4$，即 [a, $b_1$)、[$b_1$, $b_2$)、[$b_2$, $b_3$)、[$b_3$, $b_4$)、[$b_4$, c)，利用这五个区间作为指标属于评语 $v_1$ 科的分级基准。

由数理统计的理论，本书研究者认为，实测得到的数值型信息服从正态分布，其概率密度计算公式为：

$$f(x) = \frac{1}{\sqrt{2\pi}\sigma} e^{\frac{(x-\mu)^2}{2\sigma^2}}$$

# 第二节　市政工程施工管理综合评价指标体系的建立

## 一、指标选取的原则

综合评价体系对多种因素所影响的事物或现象进行总的评价。它的基本思想是根据综合评价的目标对象，对不同客观事物的作用力加以分解，以构建不同层次的统计指标体系，然后对这些指标进行指标赋值并确定其对应的权重系数，最后采用综合评价模型进行计算，进而得到综合评价值，以此展开排序与评价。在整个评价系统的构建中，指标体系的确立是基础工作，而指标体系的选取设置应满足以下原则：

### (一) 综合性

其主要采取定性与定量相结合的方式综合考虑市政工程的发展水平与程度，易于操作的指标宜通过量化指标反映，形象性的指标宜于定性反映。

### (二) 系统性

其既要反映市政工程与国家现代化的相互关系，又要反映现阶段城市建设自身的特点，使其组成一个较为完整的体系，全面反映市政工程现代化的内涵、特征及其水平、目标、方向。通过该评价体系能充分和全面地体现被评项目的经济度、安全度、文明度等的综合水平。

---

[①] 张延欣. 多级模糊层次综合评价方法在企业评价中的应用 [J]. 郑州工学院学报，1995 (04): 8.

### (三) 代表性

其定量指标要能够反映市政工程的现状与未来的发展方向，能够尽量剔除由于自然条件的差异以及人为因素的差异导致的定量指标计算结果的较大差异，便于进行国内外以及不同地区之间的比较。

### (四) 可操作性

定量指标要尽量简明、综合，具有科学性与可操作性，便于实际中的测算和进行现场管理。

### (五) 动态性

要能够反映较为具体的目标，因此，其指标的发展应该具有单调函数的特征，必须在一个较长的时期内保持其连续性，以有效地反映现状及不同发展阶段的市政工程施工水平。

### (六) 规范性

对定量指标的含义及解释应规范，资料来源于规范。主要指标的测算资料应从国家部委所制定的法律、规范等正式公布和颁布的资料中选取，以保证指标及其测算的可靠真实以及口径的一致性。[①]

根据以上原则建立了广泛、系统的指标体系后，并不意味着每个市政工程项目在进行施工评价时，所有指标全部采用，应根据具体工程项目的施工内外部条件、工程自身特点以及存在的关键性问题，有针对性地选用一些指标，必要时还可增设其他指标。本着点面结合、相对独立、克繁求简、突出重点、少而精的原则选取各层面指标。

## 二、准则层的确立和指标层次结构的划分

市政工程代表城市发展的形象，其建设水平的高低直接影响着城市美观、社会效益和居民生活。随着城市的不断发展，工程规模也随之扩大，关系到项目投资效果、公共利益和安全的工程管理评价工作，将成为社会的焦点和各级管理部门的工作重点。工程项目管理主要涉及工程质量管理、进度管理、造价管理、施工安全及文明施工五大主要工作。目前，有关工程质量和施工安全方面的法律法规相继出台，

---

① 沈奇涵. 市政工程施工管理评价指标体系探讨 [J]. 现代商贸工业，2009，21 (16): 48-49.

工程质量和安全管理工作也在不断改进和完善。然而，在具体的工程管理工作中仍存在一些问题，直接影响了工程投资效率和社会收益。因此，为全面客观地反映城市市政工程管理现状，需要建立从微观到宏观的评价指标体系对工程项目管理进行评价，并在此基础上提出改善建议和措施，以便为相关部门提供现实依据和决策参考。

按照上节论述的原则并结合市政工程的特点，在查阅大量文献资料后，确定进行施工管理综合评价体系的准则层包括质量、进度、成本、安全、文明五个方面。

## 三、质量因素指标

工程项目的质量是国家现行的有关法律、法规、技术标准、设计文件及工程合同中对工程的安全、使用、经济、美观等特性的综合要求。质量是工程的生命，没有可靠的质量做保证，人们将无心于正常的生产生活。质量的好坏需要有一个可靠的体系来评价它，它应是工程管理的指南。国家标准在宏观上对质量的最低限度做出了规定，但工程是复杂的，随着使用要求不断提高，功能不断得到完善，可靠度要求不断得到提高，旧的质量要求、单一控制方法已不能满足现代工程管理的需要，客观上提出了根据实际工程情况系统地建立质量评价体系的要求。所以工程质量等级评价是一项很重要的系统工作，它在工程建设管理中占着极其重要的角色。近年来许多重大工程事故的发生都是由对工程质量验收的疏忽造成的，而市政工程更是与人民大众的生活息息相关，质量如果不过硬，就会留下各种隐患，甚至造成巨大的经济和生命损失。[①] 为了适应市政工程的建设发展需要，统一市政工程的质量检验和评定标准，提高市政工程的施工质量，促进市政工程的质量管理，建设部针对不同类型的市政工程分别公布实施相应的验收评定标准，如《市政道路工程质量检验评定标准》(GJJ 1-90)、《市政桥梁工程质量检验评定标准》(GJJ 2-90)、《市政排水管渠工程质量检验评定标准》(GJJ 3-90)、《城市供热管网工程质量检验评定标准》(GJJ 4-90)。这些规范标准适用于新建、扩建、改建的市政工程，并明确了有关的验收方法、评分标准，它们是指导实际工程验收的纲领性文件，有着重要的意义，同时在客观上也要求建筑施工方等要重视工程验收和评定。

为了更好地执行已颁布的四项行业标准，建设部又颁布了《市政工程质量等级评定规定》和《市政工程质量等级评定补充规定》。规定中将质量等级评定分为三个部分，即外观评定、实测实量评定、资料评定。通过对三个部分的分别打分，加以对应的权重得出最后的评定结果，并将评定结果分为"优良"和"合格"两个等级。

---

① 舒欢，李露凡.基于SEM的大型工程项目质量管理因素指标体系研究 [J]. 土木工程与管理学报，2013，30(04)：73-76.

规范评价的方法指标明确、层次分明、条理清楚，有很强的可操作性、可控性。但是通过以上方法进行工程质量评价存在如下问题：

第一，工程质量是多层次、多方面的非加和性的质量要素构成的一个系统，各质量要素在系统中的重要性是有差异的。然而，现行的质量验评方法忽视了这一重要特征，把各质量要素的重要性看作相等的。因此，这样的质量评价模型不能准确概括工程的质量特征。

第二，只有两个定性的评定结果，结果分级太少，不能反映不同层次的施工水平，更达不到量化评价的目的。

第三，工程质量优劣好坏的内涵具有明显的模糊性，在质量评价过程中涉及的质量要素有些就是模糊量。现行的验评方法不能反映评价结论与评价因素间的模糊隶属关系，评价的科学性显然不够。

第四，质量评价只有客观公正才能体现其权威性，现行的验评方法对定性指标完全依赖验评人员的个人意见且不做任何分析整理，其间有很大的主观成分。因此，评价结论的置信度不够。

建设部的规定提供了一种评定的方法，在质量控制的大局上进行了把握，具有指导性的意义。可是工程是很具体的，客观上要求在对工程质量评定时将粗放型的评定条目进一步细化为各个评价指标，这些评价指标，既要按照国家的技术规范、行业标准来建立质量评价体系的框架，同时又要按地方标准、先进的理论研究成果来对评价体系进行补充，明确控制要点，从而使得评定更具说服力。

市政工程包括市政道路工程、市政桥梁工程、市政排水工程、给水工程、热力管道工程、燃气管道工程、地铁工程、路灯工程、电力电缆等。各种市政工程都有其自身的特征和特点，本书在质量因素中重点以城市道路作为对象来进行研究。城市道路质量评价等级指标因素，主要包括完整性、功能性、可靠性、运营性、工艺性、美观性六个方面的内容。

## 四、进度因素指标

工程项目的进度通常指工程项目实施结果的进展情况，因此，应该将其理解为一个能够全面反映项目实施状况的综合指标，它是工期、实物工程、成本、劳动消耗、资源消耗的有机结合。[①] 市政工程建设项目从筹建至竣工，尽管各阶段工作内容不同，但它们是密切相关的，任何一个阶段的失误或拖延，都会影响后续阶段的工作进度，甚至整个工程的工期，因此，工程进度是工程建设的主动脉，是工程建

---

① 叶东雄，李弼才.单位工程施工进度的评价[J].水运工程，2004(06)：68-71.

设的中心环节，要想对工期进行控制，必须先对工程进度进行严格的控制，确保工程如期完成，降低风险性。

另外，在城市中修建市政公用工程，常涉及许多部门的利益，如电力、电讯、燃气、工业与城市用水以及周围的居民住户等。由于工期的延长，工程不能如期交付使用造成的损失也是工期的一大风险，如城市道路提供使用时间开始晚，由于交通延迟，使社会经济上受到间接损失，这些是因为工期延长而产生的话，就更要考虑缩短工期。另外，从施工者方面来说，缩短工期多少会提高些直接费，但降低了间接费，因此，有时在工期内总费用反而降低，此外，还有及时地把工作人员、机械设备、临时设施等转移到下一个工程现场去使用的优点。因此，对工程的工期及其各个阶段的进度进行有效的管理控制，使其顺利达到预定的目标，是进行工程管理的中心任务和在工程实施过程中一项必不可少的重要环节。

由于市政工程的特点，进度控制是工程项目管理工作的核心内容，其实质是依据实际进度与计划进度之间的偏差采取措施，使之回到计划所预定的轨道上来，在与质量、投资目标协调的基础上，实现工期目标。因此，对工程实际进度的客观评价，既是项目进度控制的基础，也是项目管理决策的依据。实践证明一个良好的施工进度构成，无不包含诸如合理的施工组织设计、工人的整体技术水平、材料设备的情况、现场机械的使用率等多项相关因素。因此，对施工进度的评价，不能只简单理解为快和慢的问题，它还包含上述多项因素的整体控制，尽管总体进度涉及多个因素，但实物工程是其建设成的最终表现形式，因此，总体进度的评价应该对实物工程完成情况加以综合。对市政工程的施工进度评价，一般可用下面几个指标来进行。

### （一）工期

这是一个最为直观也最为重要的评价指标。进度控制的核心是工期，工程的工期是工程从开工到竣工投产的持续时间。它是由整个工程进度计划决定的，施工进度必须符合规定工期，力求使成本最低或收益最高。施工进度计划是工程项目施工的时间规划，规定了工程项目施工的起讫时间、施工顺序和施工速度，是控制工期的有效工具，因此，安排工程施工进度，应以规定的竣工投产要求为目标。工期的长短具有一定的风险性，除了深化工程建设投资与管理体制改革外，如何采用先进的方法对工程进度做出合理安排，最终达到缩短工期的目的，是具有很大现实意义的。在实际的应用中，可分为总工期和分项工期两个方面来进行评价。

公式一：总工期评分 = 实际总工期 / 计划总工期。

公式二：分项工期评分 = 实际分项工期 / 计划分项工期。

### (二) 资源的均衡性

市政工程进度计划中资源的均衡性主要是指劳动力消耗中的均衡性。因为劳动力耗用均衡，其他资源也可得到同样的均衡。劳动力耗用的均衡性可以用劳动力不均衡系数 K 来评价：

$$K = 平均工人人数 / 最高峰的工人人数$$

劳动力的不均衡系数 K 越接近 1，说明劳动力的安排越合理。当现场有若干个单位同时施工时，业主在进行施工管理时就应考虑全工地范围内总劳动力消耗的均衡性，在编制阶段工程进度计划时应与全工地总进度计划相结合。

### (三) 主要机械的使用率

市政工程进度计划中主要机械的使用率会直接影响到工程的工期。当机械的使用中停歇率低、功效较高时，属于正常的施工进度。具体应用中可分为不同的机械种类如压路机、铺路机、反铲机、装载机、自卸机等的使用率水平来进行评价。

$$机械使用率 = 机械实际使用时间 / 机械工序饱和使用时间$$

## 五、成本因素指标

施工项目成本是指建筑施工企业以施工项目作为成本核算对象的施工过程中所发生的全部生产费用的总和，包括所消耗的主、辅材料，构配件，周转材料或租赁费，施工机械的台班费或租赁费，支付给生产工人的工资、奖金以及项目经理部 (或分公司、工程处) 一级为组织和管理工程施工所发生的全部费用支出。施工项目成本不包括劳动为社会所创造的价值如税金和计划利润，也不包括不构成施工项目价值的一切非生产性支出。明确这些，对研究施工项目成本的构成和进行施工项目成本管理是非常重要的。施工项目成本是施工企业的主要产品成本，亦称工程成本，一般以项目的单位工程作为成本核算对象，通过各单位工程成本核算的综合来反映施工项目成本。

### (一) 市政工程施工项目成本控制具有的特点

第一，参加项目实施的单位多，涉及道路、供电、电信等工程，需要各行业各部门展开协调。项目各参加者由于自己的利益容易造成各单位在目标、时间、空间上协调的困难，乃至分离等，进而对项目成本造成重大影响。

第二，市政工程大多位于一个城市的核心地段，所以拆迁难度较大，大多数时候最多拆到道路红线，这不可避免地会导致施工用地紧张。有限的空间则给施工方的现场布置增加了难度。这就要求我们对施工现场布置进行充分的研究和调查，避免因现场布置不当而增加工程成本。

第三，目前市政工程大多是旧工程拆迁和新工程施工同时进行。这样就造成开工时拆迁（地上、地下管线等）及征地难以真正做到位，项目部应经常与拆迁工作人员联系，了解拆迁的计划、进度。根据拆迁进程，及时调整施工方案。合理安排劳力、机械，尽可能减少土方的二次倒运。减少拆迁不到位期间难以组织均衡施工而增加的成本。

第四，市政工程多为道路拓宽改建工程，在施工中大多要求交通不能中断，城市交通与市民生活息息相关。为此，必须制定切实可行的交通疏导方案，合理安排施工顺序及施工区域，优化施工方案，有助于成本的降低。

第五，市政工程流动性大、施工战线较长，多处于城市闹区，涉及面广，所以对社会影响较大，一般对安全、质量及工期的要求严格，在成本与安全、质量及工期发生矛盾时，应在保证安全、质量及工期的前提下，尽可能地降低成本。

第六，市政工程大多处于城市繁华区域，施工必然会对周围群众的出行及休息带来一定影响。所以应切实做好文明施工，如防止扬尘、减少噪声、缩短夜间施工等。现在许多城市都在创建全国卫生城市，加大了文明施工及创卫等方面的检查力度。如不重视这方面的工作，不但企业声誉会受到损害，而且为此受到处罚无异于增大了施工成本。

第七，市政工程成本组成是个变值，只有当工程全部竣工并交付使用后，成本值才能核算出来，核算出的成本值主要由三大块组成，根据统计结果，原材料成本占总成本的60%~70%，有较大的节约潜力。机械设备的使用费占总施工成本的20%~30%，因不同机械台班价格及利用率相差较大，为降低成本提供了较大空间；施工人员的人工费、管理费及税费等占总成本的10%~15%，该项费用虽在成本控制中所占比重较少，但主要涉及对人的管理，是一个充满活力与创造力的管理，而且会影响其他各项费用。

### (二) 市政工程施工项目成本评价指标

#### 1. 单位造价变化率

即同类施工项目的两个不同时期成本相比的比值，与前期成本水平相比的比率，由于业主可比施工项目往往不止一类，这就需要把每类施工项目的成本变化额加起来进行计算变化率。该指标可以把各种可比施工项目成本升降情况综合地反映出来，同时因为它是以可比施工项目为基础计算的，所以不仅可以与计划相比较，检查可比施工项目成本降低率的完成情况，而且可以与以前年度相比较，研究成本的降低速度和趋势，使业主单位明确成本管理的重点方向，其计算公式如下：

$$单位造价变化率 = \frac{该项目实际单位成本}{同类项目上年单位成本} \times 100\%$$

2. 总投资变化率

其是指施工企业全部施工项目的实际成本与计划成本的差额，与计划总投资的比值。各施工项目的实际工程量按上式计算出来的成本降低额如果为正数，说明成本是呈上升的趋势；如果为负数，说明施工企业完成了成本计划。该指标综合反映能力强，既包括可比施工项目，又包括不可比施工项目，能够克服单位造价变化率指标的某些缺陷，其计算公式如下：

$$总投资变化率 = \frac{全部项目的实际成本 - 计划总投资}{计划总投资} \times 100\%$$

3. 设计变更

设计变更是经常在市政工程施工过程中发生的，是计划成本中未分析和安排的，一旦发生，对业主的成本控制和时间控制都会产生不同的影响，甚至造成一些人工、材料、设备的浪费。所以业主方在控制管理施工方时应尽量减少设计变更，对无法避免的设计变更应使其尽量提前，同时严格控制设计变更的等级和费用变化。由于设计变更的特殊性，受工程项目的实际情况影响很大，所以很难统一地给出一个设计变更的具体计算方法来进行量化，所以在本书中采用专家评定分级的方法来确定。在得出进度评价的各指标后可以进行如下分级（如表5-1所示）：

表5-1　施工成本评价等级标准

| 评价因子 | 优 | 良 | 中 | 差 | 劣 |
|---|---|---|---|---|---|
| 单位造价变化率 CA | ≤ 0.85 | (0.85，0.95] | (0.95，1.05] | (1.05，1.15] | > 1.15 |
| 总投资变化率 CB | ≤ -0.15 | (-0.15，0.05] | (-0.05，0.05] | (0.05，0.15] | > 0.15 |

## 六、安全因素指标

市政工程项目由于投资大、参与主体多、组织关系复杂，在实施的过程中不确定因素很多，所以其施工过程中事故出现的概率较大。另外，由于所产生的安全事故的发生地点在城市中，所带来的影响就尤其恶劣。要保证项目能按预期的目标安全可靠地运行，使参与各方获得各自的预期回报，对施工阶段的事故分析显得非常重要。作为业主方在施工管理过程中需要对施工方进行安全评价可以有效预防事故的发生，减少财产损失和人员的伤亡或者伤害，使施工能加强对安全的重视程度。

目前建设项目的安全研究主要集中在施工现场作业环境和管理水平的研究上。

例如，目前施行的国家行业标准《建设施工安全检查标准》(JGJ 59-99)主要是针对项目现场作业环境的技术条件进行评价，也充分考虑了项目现场的安全管理水平。采用《建设施工安全检查标准》(JGJ 59-99)得到的安全检查评分结果能够反映出当时项目的安全作业水平，但是由于不同的项目其自身固有风险是不同的，另外，对已发生的意外事故也没有进行统计评分，所以不能做到充分全面的客观评价。为了更全面地反映项目施工现场的安全生产水平，本书将从项目固有风险、项目安全检查结果、项目意外事故统计数据三个指标来进行评价。

### (一) 项目固有风险

项目的本质安全性，是指在项目未正式开始时所固有的安全水平。它主要是指项目的硬件环境项目所处环境、大小等。在项目开工前，根据项目本身的特点项目性质、项目所在环境等，安全管理人员已可以对项目做出一个初步的判断，预测本项目潜在的风险大小和施工过程中可能的安全表现。该指标又由项目规模、项目类型、项目施工复杂程度三个子项构成。

#### 1. 项目规模

项目规模越大，需要协调的人、机、材就会越多，项目的安全管理难度就越大，潜在的风险也就越大。项目的规模大小可以通过项目的工人总数、项目涉及的分包商数目、项目建设面积、投资额等进行反映。一般来说，项目规模大小与这些指标都是相关的。

#### 2. 项目类型

根据历史数据，不同的项目类型(城市道路、城市桥梁、给排水工程等)的平均事故率和安全状况都存在一定的差异，由于这些项目类型不同，因此，在施工方法和施工环境上都有较大差异。因此，可以认为，项目类型不同，其固有风险大小也不相同，一般认为同一类型的项目在具体条件都相近的情况下，风险大小差异不大。

#### 3. 项目施工复杂程度

项目施工的复杂程度对项目安全管理同样有影响，越复杂的项目，其安全管理的难度就越大。

综上所述，项目固有风险指标的三个子项在实际的评价工作中都难以量化，所以拟采用专家评判的方法对项目固有风险评级很小风险、较小风险、风险适中、较大风险、很大风险，在评价集中分别对应优、良、中、差、劣五个等级。

### (二) 现场安全检查结果

目前的安全检查采用的是行业标准《建设施工安全检查标准》(JGJ 59-99)。这一标准主要针对项目现场安全管理水平、现场安全技术水平、现场安全生产行为进行检查，将这三个方面结果综合处理后反映项目安全生产水平。

1. 现场安全管理水平

参照《建设施工安全检查标准》（JGJ 59-99）执行，折算成百分制进行计算。

2. 现场安全技术水平（含现场安全生产行为）

主要采用《建设施工安全检查标准》（JGJ 59-99）进行检查，换算成百分制进行计算。

最后按照《建设施工安全检查标准》（JGJ 59-99）的规定加以计算：项目检查结果得分 = 现场安全管理水平 × 0.1 + 现场安全技术水平（含现场安全生产行为）× 0.9

### （三）项目意外事故统计数据

当前项目的历史意外事故统计数据，能够更加真实和准确地反映项目的综合安全生产水平，并对未来一段时间内的安全性进行预测。评价所需的源数据应该包括意外伤害事故的类型、发生时间、伤害部位、损失状况等。数据类型应该包括死亡事故、重伤事故、轻伤事故和"差一点"事故信息。目前，国内在这方面的统计工作做得还有所欠缺，因此，执行过程中会有较大困难。所以，在本书中采用专家评判的方法来执行。

在得出进度评价的各指标后可以进行分级（等级标准如表 5-2 所示）。

表 5-2　施工安全评价等级标准

| 评价因子 | 优 | 良 | 中 | 差 | 劣 |
|---|---|---|---|---|---|
| 安全检查结果 AB | ≥ 90 | [75, 90) | [60, 75) | [45, 60) | < 45 |

## 七、文明施工因素指标

文明施工是指在施工现场管理中，按现代化施工的客观要求，使施工现场保持良好的施工环境和施工秩序，并按有关的法令、法规或设计要求做好环境保护。文明施工是市政工程施工管理工作的一项重要内容，随着我国社会的不断进步，经济不断快速增长，给城市基础设计建设行业提供了新的发展机遇，同时也给施工企业提出了更高、更新的要求，这些要求很多就体现在工程施工的文明行为上。市政工程文明施工的影响因素众多，本书在参考了《某市建设工地文明施工管理规定》等相关规定后拟采用如下因子制定文明施工因素指标（如表 5-3 所示）。

表5-3 文明施工因素指标层次及详细内容

| 指标体系＼内容 | 指标类别 | 指标的详细内容 |
|---|---|---|
| 扬尘 WA | 围栏 WA1 | 围栏的长度、高度等设置应满足有关规定的要求 |
| | | 围栏清洁美观、定时冲洗 |
| | 出入口 WA2 | 出入口的长宽度，绿化带等设置应满足有关要求 |
| | | 出入口清洁卫生与周围的环境景观协调 |
| | 车辆冲洗 WA3 | 车辆按规定定时冲洗 |
| | | 场内车辆按规定路线行驶，严禁超速 |
| 施工现场 WB | 垃圾清理 WB1 | 渣土、弃物随产随清，暂存的集中堆放并加以覆盖 |
| | | 现场无垃圾弃物，布置得当，环境清洁 |
| | 材料设备 WB2 | 材料、设备按施工总平面图划定区域存放 |
| | | 布置得当，摆放整齐，分类排列放置设置标签 |
| | 安全交通警示 WB3 | 安全交通警示牌设置全面、合理 |
| | | 警示牌清晰醒目，清洁美观 |
| | 公共卫生 WB4 | 生活区的住宿条件和卫生满足有关规定 |
| | | 食堂、厕所卫生满足要求，并有简单救护措施 |
| 噪声，扰民 WC | 噪声 WC1 | 噪声量小于有关规定的要求 |
| | 照明 WC2 | 照明情况达到有关规定的要求 |
| | 废水 WC3 | 废水排放达到有关规定的要求 |
| 野蛮施工 WD | 爆管 WD1 | 施工前弄清各类管线的分布 |
| | | 施工中采取必要防护措施，严禁挖断、挖爆管线 |
| | 空弃物 WD2 | 高层建筑施工中应设有专用垃圾通道，禁止向下抛弃垃圾和废料 |
| 投诉，曝光 WE | 投诉 WE1 | 接到投诉的次数和事后的处理情况 |
| | 曝光 WE2 | 受到曝光的次数和事后的处理情况 |

很明显，文明施工的指标体系在目前的条件下也很难量化，所以具体等级只能通过专家模糊评判的方式进行评定。

# 第三节　市政工程施工综合评价体系的运用

## 一、模型指标体系概述

本书根据层次分析法 [①] 建构了模型指标体系，并已进行了相应的指标赋权，同时对该模型加以应用的过程，即为对指标进行模糊综合评价的过程。模型采用模糊综合评价的方法对指标进行逐级评价，首先确定子准则层指标模糊单因素评价的方法，进行单级模糊综合评价，在单级模糊综合评价的基础上进行多级模糊综合评价。即评价过程先分别对质量（Z）、进度（J）、成本（C）、安全（A）、文明（W）五个准则层指标进行模糊评价，进而通过合成运算，对其进行模糊综合评价。

模型评价的结论采用评价向量来表述，分别给出技术应用对质量、进度、成本、安全、文明施工五大因素影响的定量表述，以及该项目总体评价的定量表述，并确定该项目最后的评定等级。评价向量的计算由模糊综合评价法得出，将五个等级作为模糊综合评价的评语集 V={优，良，中，差，劣}，经由模糊综合评价法自下而上逐层计算相应的评价向量。最后，采用模糊单值法对目标层指标"Y 交叉口整治工程的施工等级"的评价结果向量进行单值化，得到该项目的综合评分，再由评分结果确定该项目的评价等级。

## 二、工程概况

Y 交叉口整治工程是 D 市交叉口整治工程中的重点项目之一，本工程由 D 市建设投资控股公司负责建设，中国市政工程西南设计研究院负责设计，D 市交通建设工程质量监督站负责质量监督，D 市建工监理公司负责监理，D 市某建设公司负责具体施工。

Y 交叉口转盘位于 D 市中心区位置，承担着 D 市主干道的巨大交通流量。由于底层地面所设环岛占地过大，行车道宽度不足，从而阻滞了交通的流畅，因此，通过该交叉口的车辆车速极低，拥挤现象严重，所以该交叉口通行能力较低，成为 D 市城区主干道路上的一个"瓶颈"，所以 D 市政府决定对其进行改造，将转盘改为红绿灯控制的十字交叉口，提高其通行能力以缓解交叉口的交通压力。

该工程项目地处中心城区，交通流量大，转盘的拆除采用围场施工，施工对现状交通的影响较大。钢材、木材及水泥的原材料可在 D 市购买。供水利用道路沿线供水管网即可解决。供电利用现有供电线路，增设变压器即可保证转盘的改造供电。

---

① 张乐，等. 层次分析法的改进及其在权重确定中的应用 [J]. 中国卫生统计，2016，33（01）：154-155.

## 三、工程质量的评价

Y 交叉口主要设计参数为车行道路面：71cm=26cm 抗折 4.5MPa 水泥混凝土 +20cmC10 水泥混凝土 +25cm 手摆片石，石屑灌缝。人行道路面：27cm=5cm 预制混凝土人行方砖 +2cm1：3 水泥浆 +10cmC10 素混凝土 +10cm 级配碎石。车行道路基要求：路基采用重型压实度标准，填土路段路槽下 0～80cm 深度内，压实度大于 95%，80cm 深度以下大于 93%，挖方路段路槽下 0～30cm 深度大于 95%。人行道路基要求：路基采用重型压实度标准，人行道路槽下 0～50cm 深度大于 93%。

因 Y 交叉口整治工程属 D 市 2017 年度市政改造的重点工程，而且在招投标时已明确要求达到市优良工程的标准，施工方也想借此工程打响招牌，扩大影响，所以在施工过程中肯投入，愿花精力精心组织施工。业主方是 D 市专业的建设公司，承担了 D 市内很多市政工程的建设任务，有着较为丰富的工程管理经验，在整个项目的修建过程中严格按国家标准、行业及地方标准，从严控制。在整个工程的建设中便产生了各方意见统一、步调一致的良好局面。

在施工过程中根据 D 市的要求，让质量监督部门、设计人员、业主代表直接参与一线的工程验收工作，对每一道工序，必须经质量监督人员、设计人员、监理人员、业主代表、施工人员共同验收合格、签字确认后，方可进入下一道工序施工，因此，在工序验收过程中已控制了不合格产品的产生。对原材料的使用更是有严格的要求，首先由施工方提供进货品的合格证书，然后进行外观抽查，符合要求后抽样送 D 市质量监督站测试中心检测，若合格方允许该批材料投入使用，不合格则进行封样，限期清退出场。这样就进一步地保证了工程的质量。

质量体系中除了表面观感外的指标均属于可以实测的定量指标，本书在评价中是采用数理统计的方法来确定定量指标，并根据数值型信息服从正态分布，运用数理统计法来确定定量指标的。

## 四、工程进度的评价

Y 交叉口整治工程自从 2017 年 6 月 13 日开工建设，合同工期 30 天，原定于 7 月 13 日结束。由于工程处于两条城市主干道路南北路和东西路的交叉位置，承担着 D 市主干道的巨大交通流量，工程进行封闭施工后 D 市交警支队对周边道路交通组织做出重大调整，使得周围绕行路段的交通压力普遍增大。为了能尽快完成交叉口改造，业主方与施工方多次协调，增派人手、机械，加快进度，终于使该工程于 2017 年 7 月 10 日提前顺利完工。

## 五、工程成本评价

Y 交叉口整治工程计划总投资 379.91 万元。其中：工程费用为 338.29 万元，其他费用 32.17 万元，预备费 9.45 万元。在施工工程中，业主方对成本严格把关，涉及需要进行设计变更处理的，必须由设计方出具书面变更、经设计单位确定盖章后，再报建设行政主管单位同意后，方可投入使用，从源头上杜绝了随意施工、随意进行设计变更情况的发生。但由于受原材料价格上涨和工期紧张等因素的影响，导致工程费用有所增加，截至工程竣工验收，实际总投资为 401.25 万元，其中工程费用为 353.31 万元。

## 六、工程安全的评价

查阅该地区的地勘报告可知，转盘区域内无断裂，新构造运动形迹不明显，无大规模地面塌陷和古滑坡存在，地形整体上平缓，山峰、山坡均处于平衡稳定状态，区域稳定性良好，适宜建设。区内地表水系不发育，故洪涝灾害淹没地段范围较小。另外，结合该工程属于改建工程，规模较小，并无高空和深基坑作业，所以从整体上看该工程固有风险较小。

而在施工过程中，业主方明确规定对工程事故的处理本着公开、公正、合理的原则进行。如发生事故首先应由施工或监理方对情况进行上报，再由业主方视情况的严重程度决定是进行会同设计、质监、监理共同处理还是邀请专家来处理。处理后留下施工记录，明确事故发生原因、事故严重程度及事故的处理办法。而在本次施工过程中未有工程事故发生。

D 市安监站对施工现场的检查也并未发现有重大安全隐患，最后按照《建设施工安全检查标准》对施工现场进行安全检查，最终该工程通过了安全检查。

## 七、工程文明施工的评价

D 市政府很重视市政工程的文明施工，早年就出台了《D 市建设工地文明施工管理规定》的政策性文件对工程施工进行指导。为了在都市的繁华地带做到文明施工不扰民，施工单位所有施工现场四周都用固定彩钢板围栏围起，彩喷图片及宣传画，宣传 D 市及公司的形象，保持外表美观美化市容，并使施工废水、废油等不污染街面，及时与业主、交警联系，做好人行斑马线改移，有些路段还修建了临时人行踏步梯，方便市民行走，同时做好树木、管线、路灯等迁移工作，树立文明形象、打造优美施工环境。

各通道口四周经常打扫，保持良好的卫生环境。各围栏大门做到关门施工，给市民以整洁美观的印象。出渣采用出渣槽堆放临时渣土，汽车运输轮胎冲洗干净，出渣汽车上部加自动挡渣板，做到渣土运输车渣土不撒漏，确保街面不受污染。业主方先后两次向各施工队下发 D 市"整脏治乱"专项行动的通告，施工车辆按通行证规定线路、时间行驶，并按有关规定停车。整个施工工程中未受到曝光，项目部接到投诉后也积极沟通尽量地解决问题，受到了市民的好评。

# 结束语

本书对现代建筑结构设计与市政工程建设的研究结论主要体现在以下几个方面：

第一，本书通过对建筑结构理论发展历程的回顾与分析，对不同代际建筑结构理论的特点进行了总结，并对其理论基础和基本构架展开了分析。就现代建筑结构设计的发展趋势而言，其不仅表现为新型建筑结构不断被发现和发展，而且在各种理论得到发展的同时，建筑结构设计也趋向于从子构件到系统性构件的优化。

第二，现代高层建筑结构设计不仅在设计时要从不同专业的角度加大彼此配合，而且应从结构选型与平面布置等方面落实设计，力争让最终的设计产品具有最佳的综合性的建筑结构体系。一般来说，建筑设计将通过准备阶段的概念化设计，调整阶段的平面布置与构件调整，以及构件布置阶段的细节优化来加以实施，最终获得良好的高层建筑设计产品。

第三，本书以利基理论为基础，结合层次分析法、多准则妥协解排序法对产业共性等相关因素加以整理，建立了一套装配式低层建筑技术评价指标体系，并根据该指标体系初步构建了一套装配式低层建筑技术评价决策系统。实践证明，在装配式低层建筑技术评价决策系统的帮助下，建筑设计者能快速获取装配式低层建筑技术评价相关数据，对技术方案做出及时调整，如此不仅提高了建筑决策咨询的准确性和科学性，降低了决策风险，而且弥补了现有装配式建筑评价滞后性的不足。此外，受装配式低层建筑的绿色度和各地专项政策支持力度的影响，越来越多的建设项目将采取装配式低层建筑。这也是装配式低层建筑技术选择创新性生发的方向。

第四，本书从我国市政工程建设市场的现状分析入手，论述了市政工程施工项目成本控制的基本理论，分析了影响市政工程项目成本的主要影响因素，结合市政工程的特点进行了论述，建立了市政工程施工项目的成本控制责任体系。同时，通过对工程项目的成本构成及成本影响因素分析，本书总结出市政工程施工项目中施工方案因素、变更因素、政策性因素、管理因素是影响市政工程项目成本的主要因素。总体来看，成本控制不但需要企业的技术方案优化、管理制度保障、员工主动意识等来推动，还需要应用工程管理的理论和方法来不断完善和规范，更需要建立完善的成本控制责任体系来实施。

第五，本书以模糊数学和层次分析法为理论基础建立了市政工程施工综合管理评价体系的数学模型，并通过对该模型的应用进行了验证。需要注意的是，在进行指标选择时，要系统性地反映出工程的实际情况，以及要以定性指标和定量指标相结合的方式展开系统分析以及相应的项目实践，如此才能得出较为令人满意的工程结果。

以上就是本书研究的主要内容，由于时间、本人的研究水平等因素的限制，本课题研究的内容并不完善，还有较多技术难关有待研究与攻克，希望自己能在今后的研究中加以弥补和修正。

# 参考文献

[1]  罗诚. 问题建筑结构加固防裂技术 [M]. 北京：中国建材工业出版社，2021.

[2]  刘航. 建筑结构加固技术及工程应用 [M]. 北京：中国建筑工业出版社，2021.

[3]  肖从真. 高层建筑结构仿真分析技术 [M]. 北京：中国建筑工业出版社，2021.

[4]  王晓芳，计富元. 市政工程造价 [M]. 北京：机械工业出版社，2021.

[5]  凌霄，杨高华. 低碳生态视觉下的市政工程规划新技术 [M]. 北京：中国建筑工业出版社，2020.

[6]  钱志浩，等. 多高层钢筋混凝土房屋工程设计实践：建筑结构设计、分析与验算 [M]. 大连：大连理工大学出版社，2019.

[7]  覃袭洋. 关于建筑结构设计中 BIM 技术的有效应用 [J]. 建材与装饰，2020 (21)：94，97.

[8]  高文君，潘磊. 提升建筑结构设计安全性有效措施 [J]. 四川水泥，2020 (05)：94.

[9]  王翔. 基于 BIM 技术的建筑混凝土结构安全性设计的现存问题与对策研究 [J]. 工程建设与设计，2020(23)：19-21.

[10] 高文君，潘磊. 建筑结构设计中存在的问题与解决对策分析 [J]. 四川水泥，2020(04)：96.

[11] 张勇. 市政建筑结构设计中抗震设计措施分析 [J]. 科技与创新，2020 (18)：63-64，70.

[12] 王翔. 建筑结构设计中安全问题分析 [J]. 中国建筑金属结构，2020 (10)：32-33.

[13] 龙照现. 市政工程地下综合管廊设计分析 [J]. 城市建设理论研究（电子版），2020(09)：43.

[14] 郭礼照. 浅谈市政道路路面结构及路基设计的探讨 [J]. 黑龙江交通科技，2020，43(11)：10-11.

[15] 伍秋衡. 市政地下综合管廊结构工程防水的施工技术探讨 [J]. 建筑技术开发，2020，47(06).

[16] 谢辉，赵霞，刘晶晶.关于新时期城市轨道交通设计管理的思考与探讨 [J].中国安全生产科学技术，2020，16(S1)：117-120.

[17] 刘功芬.提高市政工程概预算编制水平的几点思考 [J].中华建设，2020(02)：46-47.

[18] 刘晓伟.房屋设计中建筑结构优化设计探析 [J].城市住宅，2020，27(11)：167-168.

[19] 马静.高层建筑结构合理构成与高效率结构设计研究 [J].科技与创新，2020(16)：81-82.

[20] 白贵斌.给排水工程超长不设缝水池的结构设计和施工 [J].甘肃科技纵横，2020，49(11)：70-72.

[21] 孙旭霞，肖佳明，郑本辉.桁架式铝合金人行天桥的应用与发展概述 [J].城市道桥与防洪，2020(11)：14+76-78.

[22] 杨俊恒，罗强，臧晓冬.土木工程虚拟仿真实验教学模式探索 [J].科技经济导刊，2020，28(21)：105-106.

[23] 龙杰.市政道路工程中沥青路面设计的相关问题分析 [J].城市建设理论研究(电子版)，2020(17)：97.

[24] 但清.市政建设中钢筋混凝土水池的结构设计与施工 [J].中国高新科技，2020(18)：121-122.

[25] 张新刚.市政地下综合管廊结构工程的防水施工 [J].交通世界，2020(33)：130-131.

[26] 宋奇叵.给水排水工程结构设计中分项系数指标体系的建议 [J].特种结构，2020，37(01)：79-86.

[27] 梁菊.PPP模式下市政工程造价控制管理分析 [J].工程技术研究，2020，5(08)：195-196.

[28] 袁晓燕，陈娟婷.苏州市上高路人行天桥设计 [J].中国市政工程，2020(05)：28-30+113-114.

[29] 席敦儒，田君红.关于土木工程荷载与结构设计的分析 [J].科技风，2020(03)：128.

[30] 蒋佰果.市政给排水工程设计中BIM技术的应用 [J].中华建设，2020(11)：132-133.

[31] 莫云子.工业厂房建筑结构设计优化探究 [J].工程建设与设计，2020(24)：24-25.

[32] 丁强.市政道路桥梁加固设计方法 [J].建材与装饰，2020(07)：260-261.

[33] 申飞.市政道路路面结构及路基设计[J].建筑技术开发,2021,48(03):90-91.

[34] 孙玉平.绿色设计理念在市政桥梁设计中的应用研究[J].工程与建设,2021,35(02):239-240.

[35] 薛晓晶.市政工程深基坑钢板桩支护施工[J].建筑技术开发,2021,48(04):69-70.

[36] 程云妍,侯昭路.轨道交通设计管理实践与思考[J].四川建筑,2021,41(03):69-71+74.

[37] 戴力波.BIM技术在建筑结构设计中的应用[J].建设科技,2021(05):50-52.

[38] 王翔.坡地建筑结构设计方法及实践应用[J].建筑技术开发,2021,48(06):17-18.

[39] 蔡耀庭.关于建筑结构设计中BIM技术的有效应用[J].中国住宅设施,2021(07):63-64.

[40] 戴维.BIM技术在建筑结构设计中的应用探究[J].居舍,2021(10):74-75.